一鍵開煮
電飯煲懶人料理

Michelle @ MEALPREPERA 著

萬里機構

自序

大家好，我是 Michelle！這是我的第一本食譜書。

大家對我的認識，大概就是「在 YouTube 分享懶人料理那個女子」吧！我常說自己不是專業廚師，也沒有正式學習烹飪（小時候的烹飪課不算啦）。平台上那些簡單易煮、好看又美味的料理，多虧了爸媽從小灌輸「女人要識煮飯」的傳統理念。爸爸是一位西式廚師，擅長烹調各式精緻料理，媽媽則是家庭主婦，細心照顧家人的日常生活。在這樣的環境長大，廚房對我來說從來不是限制區域，而是週末的親子時光。這些經歷，讓我對料理產生了興趣。

不過，我不只是喜歡下廚，我更享受高效料理的樂趣！我總覺得：「明明可以輕鬆，為甚麼還要花大半天站在廚房裏折騰？」當然，精心準備的料理，跟短時間內完成的快煮，在風味與質感上確實有所不同。然而，繁瑣的步驟真的讓人頭痛，光是想到一整天困在廚房，拜託，真的不要搞我了！快速料理並不代表妥協美味，只要掌握技巧，一樣能端出令人驚艷的美食！

2018 年，我開始建立個人平台 MEALPREPERA，在 YouTube、Instagram 和 Facebook 分享簡單易煮、健康美味的料理食譜，內容涵蓋快速備餐、家常菜、減脂餐，以及電飯煲料理等，讓忙碌的現代人也能輕鬆煮出美味的一餐，減少每日「今晚吃甚麼」的煩惱。十分感謝大家的支持，讓我在經營 YouTube 頻道的兩年間，成功達成 10 萬訂閱的里程碑。

細看平台內容，發現「電飯煲料理系列」一直備受觀眾喜愛，每次推出新影片都能迅速登上頻道熱搜。這種烹飪方式不僅簡單直接，還能省時省力，吸引了一群熱愛輕鬆料理的支持者。正因如此，我萌生了推出「實體食譜書」的想法，希望能夠與更多人分享這種懶人料理的便捷烹煮樂趣！

然而，推出食譜書的準備過程比我想像中更具挑戰！為了讓內容更豐富，也希望讀者能真正體驗電飯煲的「全能」潛力，我不斷研究新菜式，並反覆測試，確保每個步驟清晰、口味穩定，讓大家都能輕鬆複製，煮出美味又簡單的料理。因此，整個籌備過程遠比我預期更耗時，也需要投入大量心力。此外，拍攝食譜更是一大考驗！每道料理都經過精心準備、烹煮、拍攝，確保讀者能清楚理解每個細節，並展現最佳效果。這個過程讓我學習了不少攝影技巧，也讓我更注重細節（特別感謝另一半充當攝影師，為我拍攝一盤盤精美好餸）。

對於我來説，初次撰寫食譜書充滿考驗，也收穫滿滿。感謝出版社的信任與支持，讓我有機會實現這個計劃，並在過程中累積了寶貴的經驗！

最後，我想藉這個機會衷心感謝大家的支持！每則留言、每個讚好，還有每一次試煮食譜後的回饋相片，對我而言都是珍貴的鼓勵，讓我充滿動力，繼續用心經營這個平台，分享更多美味的料理。感謝大家一路上的陪伴與熱情支持。

Michelle

目錄

03 中西鍋飯，懶人一鍋到底！

04 鹹甜粥品，享受綿滑米香！

05 美味湯水，整天元氣滿滿！

06 暖心糖水，為身體添暖意！

電飯煲烹煮三大亮點：簡單！便捷！多功能！

電飯煲烹煮方式簡單、高效實用，而且功能繁多，已成為現代家庭不可或缺的廚房神器！

簡單易用

操作非常簡單，只需按下按鍵即可完成各種料理。智慧程序自動調節火力和時間，確保食物完美呈現，讓烹調更輕鬆，即使廚藝新手也能輕鬆駕馭。

快捷高效

一鍵操作省時省力，大幅減少烹煮時需要反覆監控或攪拌的麻煩。電飯煲大大簡化了烹煮過程的繁瑣步驟，讓料理變得更高效。

全能選手

具備多樣化功能，包括煮飯、煲湯、燉肉、蒸煮，甚至烘焙等預設模式。內置的自動化系統能根據不同食材，靈活調控溫度和時間，並配備預約和保溫功能，輕鬆滿足各種烹煮需求。

電飯煲的實用預設模式，輕鬆煮出美味水準！

電飯煲的各種預設模式，專為滿足日常烹調需求，讓入廚更簡單方便。

煮飯模式 Rice

專為烹煮米飯設計，確保米飯口感香軟、粒粒分明。烹煮時間根據米種及電飯煲型號而有異，約為 45 至 60 分鐘。現時很多電飯煲更貼心地設有白米模式、糙米模式、糯米模式及壽司米模式等，針對各類米種精準地調節火力與時間，煮出最佳的口感。

快煮模式 Quick Cook

專為節省時間設計，快速完成基本米飯或簡單的料理，特別適合忙碌的日常生活。烹煮時間根據米種及電飯煲型號而有異，約為 30 分鐘。

煲粥模式 Congee

專為烹煮粥品設計，能夠穩定加熱，避免粥底沾鍋，並確保米粒充份吸水開花，使粥的口感滑順濃稠。烹煮時間根據粥品稠度和食材而定，一般需時約 1-2 小時。

煲湯模式 Soup

專為燉湯設計，透過長時間低溫慢煮，充份釋放食材的鮮味和營養，呈現清澈香濃的湯品。一般需時 2-4 小時，具體時間依湯品的種類和食材而定。

保溫模式 Keep Warm

專為保持食物溫度而設計，在烹煮完成後，自動或手動選擇「保溫模式」，確保食物長時間維持在適宜的溫熱狀態，方便隨時食用。

電飯煲料理必備小配件，大大提高烹煮效率！

以下是我使用電飯煲烹煮的必備小配件，絕對可以讓烹煮過程變得無比輕鬆又順手！

蒸盤、蒸碟

蒸盤是電飯煲蒸煮功能的核心配件，購買電飯煲時很多都會隨機附送。選用耐高溫、易清潔且不刮花內膽的質料最為理想。使用時輕放並定期檢查邊緣有否損壞，能延長內膽壽命。這樣能好好地保護你的電飯煲！

蒸碟適合小分量或液體料理。陶瓷或不銹鋼蒸碟最合用，耐高溫、堅固耐用，且不易刮花內膽。蒸碟大小應與蒸盤匹配，避免影響烹煮效果。找到一個完全合適的蒸碟不容易！一旦找到那個「完美拍檔」，就鎖定它為「電飯煲蒸餸專用碟」吧！

飯勺、其他防刮小工具

保護電飯煲內膽塗層免受刮損非常重要，小工具一定選用「防刮材質」！矽膠、木製和竹製工具，既輕便又特別適合不黏內膽使用。

最常用的工具包括矽膠飯勺、矽膠筷子、矽膠烹調匙，以及木製或竹製飯匙等。這些工具材質柔軟，不僅方便使用，還能好好地保護內膽不受刮傷。

隔熱手套、防燙碗碟夾

隔熱手套和防燙碗碟夾是「護手好幫手」，適合用來拿取電飯煲內膽或熱碟，避免直接接觸高溫表面，防止燙傷的風險。

電飯煲的清潔和保養

很多人以為只要清潔內膽就足夠，其實蒸氣閥、密封圈和內蓋也需要定期清理，才能確保衛生和烹煮效果。

內膽

使用柔軟的海綿或矽膠刷，配合中性洗碗液清洗，避免使用鋼絲球或其他粗糙工具，以免刮傷內膽塗層。清洗後用乾布擦乾，待完全乾燥後再放回電飯煲。

外部表面

使用濕布擦拭，切勿用水直接沖洗，以免損壞電飯煲部件。

蒸氣閥和密封圈

蒸氣閥和密封圈容易藏有污垢，建議定期拆卸清洗。清潔時可用柔軟的海綿或矽膠刷，配合中性洗碗液進行清洗。清洗後用乾布擦乾，待完全乾燥後再放回電飯煲使用。

電飯煲有怪味和水垢，怎樣解決？

「檸檬清新法」── 去除異味

將數塊檸檬片及水放入電飯煲，選擇「快煮模式」加熱，讓水煮沸至跳掣。最後用水沖洗乾淨。這樣能有效去除異味，還能讓電飯煲散發清新的檸檬香氣。

「白醋去污法」── 去除水垢

將白醋和水以 1 ： 3 比例混合後，倒入電飯煲內膽，選擇「快煮模式」加熱，讓水煮沸至跳掣。待稍微冷卻後，用海綿輕輕擦拭，再用水清洗乾淨即可。

清潔完成後，緊記將內膽晾乾，保持電飯煲內部乾爽，避免再次產生異味和水垢！

讀者好奇心大解密？！

Q：如何選擇適合自己的電飯煲？

挑選電飯煲時，可以考量容量、功能、內膽材質、品牌質量和預算等方面，例如根據家庭人數決定適當容量；多功能型號能滿足更多烹煮需求；內膽材質建議選擇不黏塗層，避免影響烹煮效果；知名品牌通常更耐用且售後服務較好；符合預算的高性價比機型也值得考慮。另外，用戶評價和專家推薦也值得參考。

家庭人數	建議電飯煲容量 / 大小
1 - 2 人	1 - 2 公升
3 - 4 人	2 - 3 公升
5 - 6 人	3 - 4 公升
7 人或以上	4 公升或以上

Q：不同米飯類型有不同的烹煮方法？哪些需要提前浸泡，水量該如何拿捏？

不同米種的吸水性、烹煮時間和口感特性各不相同，的確需採用相應的烹煮方法，才能煮出最佳的口感和質地。

不同品牌的產品可能提供特定的烹煮建議，烹煮前應查看包裝上指示，確保米飯的口感和質地達到理想效果。

以下是常見米飯類型的特性和烹煮方式：

米飯類型	建議烹煮方式
白米	米和水比例為 1：1.2-1.5，煮出軟糯口感。
糙米	帶有麩皮，吸水性高，烹煮前需先浸泡最少 30 分鐘，米和水比例為 1：2，煮出嚼勁口感。
糯米	帶有支鏈澱粉，吸水性低，烹煮前需先浸泡最少 4 小時，米和水比例為 1：1，煮出黏糯口感。
西班牙米	吸水力強，烹煮後口感分明，不易黏稠。烹調前通常毋須沖洗，米與水比例約為 1：2，煮出粒粒分明。

Q：煮好的米飯如太濕或太乾，還能補救嗎？

當然可以！

如米飯太濕潤，試試關閉電飯煲電源，靜置待 10-15 分鐘，幫助米飯吸收多餘水分，恢復適宜濕度。

如米飯太乾，可加入適量熱水，攪拌均勻後放回電飯煲，再加熱或靜置待 10-15 分鐘，讓米飯吸收水分，重新變得濕潤。

Q：煮飯途中打開蓋後繼續煮，米飯還能煮熟嗎？

米飯仍可煮熟，但開蓋或導致水分蒸發，使米飯變得乾燥。為保持米飯濕潤，可適量加入熱水調整。另外，煮飯途中開蓋，會打亂加熱循環，可能需要延長烹煮時間，完成後多待幾分鐘，使米飯更均勻熟透。

Q：如何讓白飯變得更有口感？

有想過為米飯增添風味嗎？在煮飯時加入少量橄欖油或牛油，讓米飯更鬆軟並增添光澤感；加入月桂葉、迷迭香或肉桂等香料，讓米飯增添豐富的香氣；用高湯取代水，讓米飯更香濃入味；或加入椰奶，帶來濃郁且獨特的味道。

米粒與紅椒粉拌和烹調，令米飯帶有香氣。

01
蒸餸，
快速上桌開飯！

懶人必備電飯煲秘技：
上下分工，實現高效又美味的家庭料理！

利用電飯煲同時完成上層蒸餸、下層煮飯，是一種高效又便捷的烹煮方式，非常適合忙碌又注重健康的你。這做法不僅能省時省力，還讓餸菜的香氣融入米飯當中，為整體的風味加分！

蒸餸煲飯，一氣呵成

需要預備的工具很簡單，
如電飯煲、蒸架、蒸盤／蒸碟、碗碟夾，
就可以動手來個快速的美味晚餐。

｜做法｜

① 米洗淨，加入適量水，倒入電飯煲內鍋。
② 將準備好的蒸餸放入蒸盤，備用。
③ 在電飯煲內鍋上方放置蒸架，將蒸盤放於蒸架上。
④ 選擇「煮飯模式」，等待煮飯與蒸餸同步完成。
⑤ 煮飯程序完成後，取出餸菜，伴白飯一同享用。

掌握細節，完美蒸餸煲飯同步達到！

① **蒸架穩定性：**確保蒸架穩固，以免蒸盤傾斜或接觸米飯，意外翻倒。

② **蒸餸分量：**掌握適當分量，避免佔用過多空間，影響電飯煲內熱氣的均勻流通。

③ **確認食物的熟度：**煮飯完成後，檢查蒸餸是否熟透，尤其是肉類，必要時可延長蒸煮時間確保熟度。

④ **選材搭配：**優先選擇易熟的魚類、排骨或小塊雞肉（如雞翼及雞腿等），確保與米飯蒸煮時間一致。

香滑玉子豆腐蒸蛋

蒸蛋是住家料理的經典，簡單易做又百搭。滑嫩的蛋羹加些豉油，拌入熱騰騰的白飯，就是一頓簡單又滿足的家常美食。這次加入玉子豆腐，讓蒸蛋的口感更細緻，每一口都順滑香濃。

懶人必學，快速加餸救星！利用電飯煲輕鬆完成「上層蒸蛋、下層煲飯」，省時又方便。臨時需要加餸時，這道蒸蛋料理是絕佳選擇，美味輕鬆上桌，快來試試！

輕鬆觀看教學影片

a

蒸餸材料

雞蛋 2 個

玉子豆腐 1 條

雞湯 180 毫升

煲飯材料（按人數和食量調整）

米 180 克（1 量米杯）

水 200-220 毫升（電飯煲內鍋刻度「1」）

做法

1. 玉子豆腐切成約 1 厘米厚；雞蛋打發，加入雞湯拌勻，過篩備用。
2. 電飯煲內鍋加入米和水，放入蒸架，再將空蒸盤置於蒸架上。
3. 選擇「快煮模式」，煮 30 分鐘，開始煲飯程序。
4. 米飯煮至中段（約完成前 18 分鐘），慢慢倒入蛋液，加蓋續煮（圖 a）。
5. 待米飯煮至最後階段（約完成前 5 分鐘），排入玉子豆腐，加蓋續煮。
6. 電飯煲自動跳掣後，檢查蒸蛋是否凝固；若已凝固，可按口味淋上豉油，撒上葱花即成。

料理貼士

要做出靚滑蒸蛋，這個小技巧不可少！

蒸蛋前，必須將蛋液過篩，能有效去除雜質，減少氣泡，提升蛋液的幼滑度，以提高蒸蛋的整體質量和均勻度，令口感更滑嫩。

善用空蒸盤，提升烹調便利性！

在電飯煲內鍋加入米和水後，提前放好蒸架和空蒸盤，在需要加入蛋液時能直接倒入，既方便又避免燙手或濺出蛋液，讓烹煮更安全和輕鬆！

蒜香豉汁蒸排骨

每當提到「住家菜的經典」或「蒸餸必學」，一定想起豉汁蒸排骨！

排骨不僅容易購買，也能透過不同的烹調方式變化多款風味，讓一家人吃得滿足。

這道蒸排骨特別加入蒜蓉，融合豆豉的醬香和蒜蓉的濃郁辛香，讓排骨的香氣瞬間 level up！蒸煮後肉汁滿滿，每一口都充滿濃厚的風味，拌飯吃簡直是無敵美味！

| 材料 |

排骨 300 克

豆豉 2 湯匙

蒜蓉 1 湯匙

辣椒碎及芫荽各少許（裝飾用）

| 醃料 |

鹽 1/2 茶匙

糖 1 茶匙

麻油少許

胡椒粉少許

粟粉 1 茶匙

輕鬆觀看教學影片

| 做法 |

1. 排骨洗淨，加入醃料、蒜蓉、豆豉，拌勻醃 30 分鐘。
2. 將醃好的排骨平鋪於在蒸盤。
3. 電飯煲內鍋加入米和水，放入蒸架，排上蒸盤於蒸架上（圖 a）。
4. 選擇「煮飯模式」烹煮 50 分鐘，確保排骨熟透，最後灑上紅椒圈及芫荽裝飾即成。

料理貼士

辛香惹味更下飯！

如果喜歡吃辣，可在排骨加入適量紅辣椒，不僅提升辛香層次，還讓整道菜更惹味，是下飯的好選擇。

蒸排骨選哪部位最好？

首選「妃排」：來自豬背部的排骨，肉質嫩滑，較多肉，口感細緻香滑，想要啖啖肉的滿足感，非它莫屬！

「肋排」：來自豬胸部，帶有適量油脂與骨邊肉，口感較有嚼勁，蒸煮後依然嫩滑多汁，是蒸排骨的好選擇！

「純瘦肉」：瘦肉纖維較緊，容易蒸得乾柴，影響口感，少了排骨該有的豐富肉汁，純瘦肉就不太適合了。

蟲草花蒸雞

我們一家都很愛雞肉，幾乎隔天晚餐都少不了它，尤其蒸雞更是家常必煮的料理。然而，每餐吃相似的總會想變換一下，所以積極研究各種新配搭，終於發現——加入蟲草花和紅棗蒸雞，原來不單單提升風味，還是養生滋補的好菜式！

蟲草花富含氨基酸和微量元素，有助提升免疫力；紅棗補氣養血，與嫩滑雞肉蒸煮，散發淡淡清甜滋味，讓蒸雞美味又滋補！

| 材料 |

雞件 1/2 隻

蟲草花 10 克

紅棗 6 顆

| 醃料 |

生抽 1 湯匙

蠔油 1 湯匙

麻油 1 茶匙

鹽 1/2 茶匙

糖 1 茶匙

粟粉 1 茶匙

| 做法 |

1. 雞件洗淨，加入醃料醃 30 分鐘，備用。
2. 蟲草花浸泡 10 分鐘；紅棗對半切開，去核。
3. 將醃好的雞件平鋪在蒸盤底部，再放上蟲草花和紅棗。
4. 電飯煲內鍋加入米和水，放入蒸架，將蒸盤放在蒸架上。
5. 選擇「煮飯模式」烹煮 50 分鐘，直至雞件完全熟透，蟲草花散發香味即成。

懶人快煮

想加快烹煮？選擇適合的雞肉！

當然可以使用原隻新鮮雞，但需要自行斬件的步驟，也較費時。為了省時方便，我喜歡到超市購買現成雞件，一整盒購買，已經切得妥妥當當，回家簡單清洗後，就能立即開始料理，輕鬆又方便。此外，家裏常備急凍雞腿肉和雞翼，只需解凍後能快速準備，讓日常料理更方便快捷！

巧妙食材搭配，讓蟲草花蒸雞更香濃！

除了蟲草花，適量搭配杞子、金針菇、瑤柱絲和南北杏，讓蒸雞的湯汁更鮮美濃郁！

杞子帶出微甜滋補的效果，口感更順滑細膩；金針菇鮮香滑嫩，吸收湯汁後更為濃郁，與雞肉及蟲草花完美融合。此外，瑤柱絲增添甘香海水味；南北杏則帶來淡淡堅果香氣，讓整道料理更具風味，使每一口充滿滋養和美味！

蒜蓉粉絲蒸蝦

沒想過電飯煲可蒸煮海鮮吧？

我超愛這道海鮮家常菜！粉絲吸收濃郁的蝦湯、香蒜和豉油，入口滑嫩，每一口都充滿海鮮的鮮甜，簡直比蝦還讓人着迷！有人跟我一樣，愛吃粉絲更甚蝦？

比起傳統蒸鍋，電飯煲控溫穩定，讓蝦肉蒸煮得剛剛好，保持鮮嫩彈牙口感。無論是日常快手料理還是宴客小菜，都是輕鬆完成的懶人海鮮料理！

材料

大蝦 6 隻

粉絲 1 束

蒜蓉 2 湯匙

葱花少許（裝飾用）

調味料

生抽 1 湯匙

紹興酒 1 茶匙

胡椒粉少許

a

b

c

做法

1. 粉絲用溫水浸泡至軟身，剪成適當的長度，鋪平於蒸盤底部，備用。
2. 大蝦剪去腳、去腸，洗淨，輕輕撒上胡椒粉和紹興酒，備用（圖 a）。
3. 燒熱油，放入蒜蓉爆香，盛起備用。
4. 大蝦整齊地排列在粉絲上，均勻地淋上爆香的蒜蓉（圖 b）。
5. 電飯煲內鍋加入米和水，放入蒸架，選擇「快煮模式」烹煮 30 分鐘。
6. 煮至中段（約完成前 15 分鐘），將蒸盤放在蒸架，加蓋續煮（圖 c）。
7. 電飯煲自動跳掣後，取出蒸餸，最後灑上葱花和生抽即成。

料理貼士

胡椒粉＋紹興酒，輕鬆去除大蝦腥味！

胡椒粉與紹興酒能夠中和及掩蓋海鮮的腥味，同時能增添風味，讓蝦肉更加鮮香可口。

蒸蝦的熟度要剛剛好！

如用電飯煲同時進行蒸餸和煮飯，建議在煮飯進行至中段時放入蝦蒸餸，這樣可避免蝦肉過熟，能夠保留其鮮嫩質感，口感更好。

南瓜蒸排骨

忙了一整天，回到家已經很累，還是想吃住家飯！快煮又健康，一道菜搞定肉和菜，立刻想到這道南瓜蒸排骨！營養均衡，鮮甜入味，而且超級好伴飯！

南瓜可是蔬菜，不是水果啊！它的天然甘甜與排骨的鮮美肉汁完美融合，蒸煮後滑嫩香濃，香氣四溢。簡單醃製排骨，放入飯煲，輕鬆煮出一道暖心又美味的家常料理！

| 材料 |

排骨 300 克

南瓜 200 克

蒜蓉 1 湯匙

| 醃料 |

生抽 1 湯匙

蠔油 1 湯匙

紹興酒 1 湯匙

粟粉 1 茶匙

a

b

做法

1. 排骨洗淨，加入醃料拌勻，醃 30 分鐘（圖 a）。
2. 南瓜去皮，切成適中的塊狀，鋪於蒸盤底部。
3. 醃製好的排骨均勻地鋪在南瓜上，加上蒜蓉增香。
4. 電飯煲內鍋加入米和水，放入蒸架，將蒸盤放置在蒸架上（圖 b）。
5. 選擇「煮飯模式」烹煮 50 分鐘，直至排骨熟透、南瓜軟糯，最後撒上蔥花即成。

料理貼士

蒸煮最推薦「日本南瓜」及「貝貝南瓜」，香甜滑嫩好選擇！

日本南瓜肉質綿密細緻，帶有淡淡的栗香，蒸煮後質地更加濃郁，且不易出水，能完美鎖住排骨的肉汁。貝貝南瓜（迷你南瓜）甜度較高，質地細嫩，散發獨特的自然甜香，與排骨蒸煮能充份融合，提升層次感！

美食靈感

簡單食材，打造豐富美味的蒸餸！

除了南瓜，也可選用馬鈴薯、芋頭或蓮藕片等根莖類蔬菜，都能吸收排骨的鮮美汁香，並散發天然甜味，讓整道餸菜更濃郁好味。

精選美味排骨料理，輕鬆享受多款風味！

冬菇蒸排骨：冬菇吸收肉汁，增添鮮美菇香，讓排骨口感更豐富。

馬蹄蒸排骨：馬蹄脆甜爽口，提升口感。

粉絲蒸排骨：粉絲吸收排骨的肉汁和鮮美湯汁，伴飯吃絕對一流。

梅子蒸排骨：蒸煮後帶有梅子的酸甜味，特別開胃。

芋香蒸排骨：芋頭細膩綿密，帶有獨特的香甜和柔滑。

鮮菇蒸雞翼

雞翼，有誰不愛？這道餸利用電飯煲蒸煮，做法簡單又方便，不僅鎖住湯汁和香氣，更讓雞翼嫩滑入味，鮮味十足。相比煎焗雞翼，蒸煮讓肉質更細膩，雞翼精華不流失，湯汁滲透雞肉，特別適合拌飯！此外，毋須額外用油，既清淡健康，又不影響美味。全程沒有繁複步驟，輕鬆完成這道家常料理！

材料

雞翼 10 隻

乾冬菇 5 朵

蒜蓉 1 湯匙

醃料

鹽 1/2 茶匙

糖 1 茶匙

麻油少許

胡椒粉少許

粟粉 1 茶匙

急凍 vs 新鮮雞翼，懶人料理選擇！

急凍雞翼絕對是懶人料理的絕佳選擇！不僅保存時間長，隨時取出解凍即可烹煮，毋須繁複處理，方便又快捷。新鮮雞翼肉質較嫩，風味較自然，但需清洗和處理，準備時間較長。若追求省時方便，急凍雞翼無疑是較佳選擇，快速蒸煮，輕鬆端出一道美味的家常料理。

| 做 法 |

1. 雞翼解凍，洗淨，加入醃料及蒜蓉拌勻，醃 30 分鐘。
2. 冬菇浸泡至軟身，切片備用（圖 a）。
3. 將醃好的雞翼和冬菇平鋪於蒸盤。
4. 電飯煲內鍋加入米和水，放入蒸架，將蒸盤放置在蒸架上（圖 b）。
5. 選擇「煮飯模式」烹煮 50 分鐘，確保雞翼熟透即成。

料理貼士

去除急凍雞翼雪味的簡單技巧！

解凍後，用流動清水沖洗 2-3 分鐘，再浸泡鹽水 10 分鐘，有助去腥及提升風味。此外，加入薑片或葱段略醃，不僅能去除雪味，也能讓雞翼更入味！如某品牌的急凍雞翼雪味較重，可能跟他們的冷凍技術和處理方法有關，可試試不同品牌比較看看！

三色蒸肉餅

蒸肉餅，承載着很多人的童年回憶，簡單的食材和調味，能蒸出鮮嫩多汁的美味，成為媽媽們最愛準備的家常料理之一。

三色蒸肉餅更是升級版，雞蛋帶來細滑嫩口；鹹蛋增添濃郁鹹香；皮蛋注入獨特醇厚風味，每一口都讓人驚喜，三者完美融合。這道料理不僅美味，更是家的溫暖味道，輕鬆拌飯就是最滿足的一餐！

| 材料 |

豬絞肉 400 克

雞蛋 2 個

鹹蛋 1 個

皮蛋 1 個

a

| 醃料 |

紹興酒 1 茶匙

糖 1/2 茶匙

麻油少許

水 1 湯匙

b

| 做法 |

1. 雞蛋打散拌成蛋液；鹹蛋的蛋白及蛋黃分開；皮蛋去殼，切成 8 塊，備用。
2. 豬絞肉加入醃料和鹹蛋白拌勻，醃 30 分鐘。
3. 將醃好的豬絞肉平鋪蒸盤，再放上鹹蛋黃和皮蛋（圖 a-b）。
4. 電飯煲內鍋加入米和水，放入蒸架，將蒸盤放置在蒸架上。
5. 選擇「煮飯模式」烹煮 50 分鐘，直至肉餅熟透即成。

料理貼士

厚肉餅用電飯煲真的能蒸得熟透嗎？

YES！掌握以下的小技巧，厚肉餅蒸得熟透又保持嫩滑多汁不難，快試試！

均勻壓平：確保肉餅厚度一致，避免中央過厚致受熱不均。

適量加水：拌肉餡時加入雞蛋白，蒸出來口感更嫩滑，不易乾硬。

測試熟度：用筷子插入肉餅中央，若流出透明狀汁液，代表已熟。

利用保溫模式：電飯煲跳掣完成後，切換至「保溫模式」5 分鐘，利用餘熱讓肉餅內外均勻熟透，鎖住肉汁。

蒸肉餅後水流流？輕鬆解決，提升口感！

蒸肉餅後水分較多，可試試將蒸好的肉餅靜置數分鐘，讓多餘的湯汁慢慢吸收，或輕輕倒掉部分湯汁，令肉餅的質地更紮實，口感更佳！

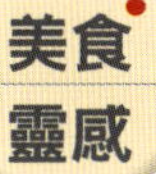

速配不同風味的蒸肉餅！

鹹蛋蒸肉餅：鹹蛋的鹹香和肉餅的鮮味融合，配飯一流。

馬蹄蒸肉餅：馬蹄添脆甜口感，讓肉餅多汁又清新不膩。

豆腐蒸肉餅：嫩豆腐讓肉餅更細嫩滑順，入口即化。

瑤柱蒸肉餅：瑤柱的甘香，讓肉餅更鮮甜美味。

魷魚蒸肉餅：魷魚帶來獨特的鮮味和彈牙口感，讓肉餅更添海鮮風味，惹味升級！

02
肉食料理，
煮得嫩滑入味！

簡單操作，煮、燜、滷、燉樣樣得，讓家常菜輕鬆升級！

我熱愛研究電飯煲料理，正因為它「一煲多用」，讓下廚更簡單高效！廚房不用添購太多小家電，也不會被各種工具擠滿，更不用為了單一功能頻繁搬進搬出。一部電飯煲就能取代多種烹調工具，節省空間又實用。只要掌握模式設定和時間控制，再運用巧妙技巧，電飯煲也能煮、燜、滷、燉，簡單一鍋到底，輕鬆煮出色香美味的家常美食！準備好讓你的飯煲，變成懶人廚神神器嗎？

煮、燜、滷、燉——
讓烹調更輕鬆，
讓日常料理充滿樂趣！

煮：醬汁深層滲透，肉質嫩滑入味

燜煮時只需少量醬汁或湯汁，利用電飯煲的「快煮模式」，讓鍋內餘熱和蒸汽滲透食材，食材慢慢吸收醬汁，達到嫩滑入味的效果。這種燜煮方式能讓肉質更細嫩，味道更濃郁。

燜：較長時間烹調，肉質軟嫩，醬汁濃稠

燜煮的核心在於慢燉，讓肉質慢慢軟化，同時吸收醬汁的精華。電飯煲的「慢燉模式」或「保溫模式」可長時間燜煮，讓食材釋放豐富味道。如果電飯煲沒有「慢燉模式」，可改用「煮飯模式」，並透過延長烹煮時間，達至類似燜煮的效果。

滷：香料熬煮，醬香濃郁入味

滷製，講求的是滷汁香料的融合，讓肉類在慢慢熬煮的過程中，吸收濃郁的醬香和香料味道。電飯煲的「煮飯模式」可先加熱至滷汁沸騰，再使用「保溫模式」長時間浸滷，使肉質達到軟嫩入味的效果。

燉：慢慢燉煮，入口即化

燉煮是一種長時間熬煮的方法，讓肉質達至柔嫩，湯汁濃厚。電飯煲的「燉湯模式」或「保溫模式」可長時間燉煮，讓食材吸收湯汁和調味，適合燉肉料理。

如電飯煲沒有「燉湯模式」，可改用「煮飯模式」，並透過延長烹煮時間，達至類似慢燉的效果。

懶人簡易版紅燒肉

紅燒肉是經典的中式燜煮菜，但正宗做法必須留意很多細節，例如掌握得當炒糖色的火候；燜煮時不能頻繁翻動；還要控制肉質的軟嫩度，稍不注意就可能影響口感。

相比之下，用電飯煲燉煮紅燒肉就簡單得多！「慢燉模式」能穩定保持燜煮，讓五花肉慢慢軟化並吸收醬汁，牢牢鎖着香氣和濕氣，確保肉質軟嫩入味，醬汁濃郁不流失。

| 材料 |

五花肉 500 克

薑 4 片

八角 4 顆

| 汁料 |

紅燒醬汁 60 毫升

紹興酒 25 毫升

冰糖 50 克

水適量

| 做法 |

1. 五花肉洗淨，用廚房紙吸乾水分，切成適當大小，備用。
2. 預熱電飯煲，選擇「煮飯模式」，加入適量油及薑片爆香。
3. 放入五花肉翻炒至微微金黃色（圖 a）。
4. 加入八角和汁料，倒入水，剛好蓋過五花肉（圖 b）。
5. 選擇「慢燉模式」烹煮 90 分鐘，直至五花肉軟嫩入味（圖 c）。
6. 燉煮完成後，如湯汁較多，可開蓋繼續加熱至收汁即成。

料理貼士

即使沒有「慢燉模式」，仍可透過手動操作，輕鬆煮出美食！

如電飯煲沒有專門的「慢燉模式」，可先用「煮飯模式」將食材煮沸，然後切換至「保溫模式」模擬燉煮效果，燉煮時間通常為 1 小時至 1 小時 30 分鐘，具體時間可依食材來調整，並記得每隔 30-45 分鐘檢查食物，確保食材不會煮過頭，並免卻湯汁燒乾。

一定要用紅燒醬汁嗎？豉油可以嗎？

煮紅燒肉時，使用紅燒醬汁不單為了增添醬油的鹹味，更透過甜、酸、香料和醬油的比例，讓味道更有層次。如只用豉油調味，肉質可能較為單調，缺少紅燒醬汁帶來的濃厚風味和光澤感。紅燒醬汁的糖分能讓肉色更紅亮，醬汁更濃稠包裹肉塊，使口感更滑嫩入味！

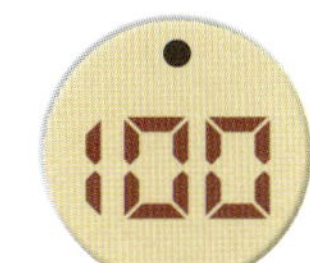

分港式
蜜汁叉燒

疫情期間，大家減少外出吃飯，在家煮食的次數大增，幾乎人人都變「廚神」。當時，我也開始嘗試自製叉燒，焗爐烤焗的叉燒帶有微微焦香，風味十足，惹味又好吃！

考慮到並非人人家裏有焗爐，我開始研究電飯煲的做法，發現只要掌握技巧，電飯煲同樣做出香甜軟嫩的蜜汁叉燒，味道同樣出色！

材料

梅頭豬肉 450 克

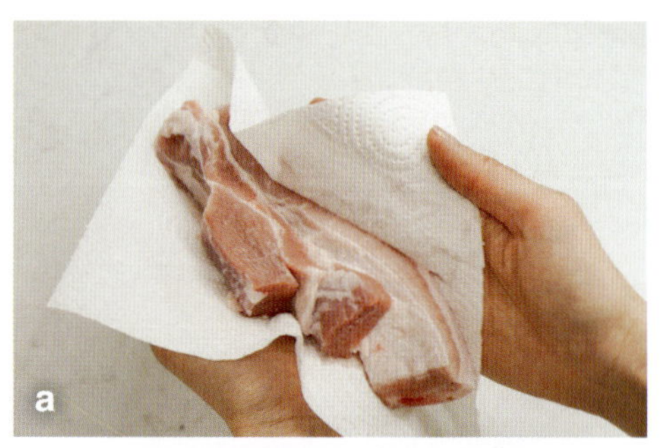

蜜汁

麥芽糖 2 湯匙
清水 1 湯匙

醃料

生抽 1 湯匙
叉燒醬 2 湯匙
柱侯醬 1 湯匙
鹽 1 茶匙
糖 2 茶匙
五香粉 1 茶匙
玫瑰露酒 2 湯匙
水 50 毫升

做法

1. 梅頭豬肉洗淨，用廚房紙吸乾水分，切成兩長條（圖 a）。
2. 梅頭豬肉加入醃料拌勻，放入雪櫃醃至少 3 小時，最好隔夜，令梅頭豬肉充分入味。
3. 醃好的梅頭豬肉連同醃汁放入電飯煲，選擇「煮飯模式」，烹煮 50 分鐘，直至肉質熟透且入味（圖 b）。
4. 電飯煲自動跳掣後，在叉燒兩面塗上蜜汁，稍微多焗 15 分鐘，讓味道更加入味。
5. 取出叉燒，稍微放涼，切片即成。

料理貼士

五花豬肉，提升叉燒的柔嫩度！

如想叉燒肉質更柔軟，用五花肉是一個好選擇。與梅頭豬肉相比，五花豬肉的脂肪含量更高，肉質相對柔嫩，煮出來的叉燒更加香濃多汁。

懶人快煮

選用現成叉燒醬，省時又省力！

現成的叉燒醬通常包含製作叉燒的幾款主要調味料，只需將醬料均勻地塗抹肉面，稍作醃製後即可烹調，輕鬆打造香濃多汁的叉燒，是忙碌生活的便利選擇。

無水番茄牛肋肉

晚餐特別愛煮一鍋分量十足的燉肉料理，飽足又暖心。這道無水番茄牛肋肉，利用電飯煲燉煮，充分發揮食材本身的水分（番茄和洋蔥），毋須額外加添水分，讓牛肋肉慢慢軟化，吸收番茄的鮮甜和酸香。

這樣的燉煮方式不僅能原汁原味呈現食材的美味，還保留更多營養，讓每口都濃郁鮮香，簡單卻獨具風味！

| 材料 |

牛肋肉 400 克

番茄 2 個

罐裝番茄蓉 390 克

紅蘿蔔 1 個

洋葱 1 個

| 香料 |

八角 3 顆

香葉 3 片

| 調味料 |

番茄醬 2 湯匙

糖 2 湯匙

輕鬆觀看教學影片

| 做法 |

1. 番茄及紅蘿蔔去皮，切成塊狀；洋葱去皮，切成條狀，備用。
2. 選擇「煮飯模式」，加入少許油及牛肋肉，煎至表面轉色，取出備用。
3. 加入所有材料、香料和調味料，再次選擇「煮飯模式」，烹煮 1 小時至牛肋肉熟透入味即成（圖 a）。

料理貼士

無水烹調 —— 緊鎖天然美味的秘訣！

「無水烹調」是指在烹煮過程中毋須額外添加清水，只靠食材本身的水分來烹煮。這種做法讓肉類的味道更濃郁，湯汁更加鮮甜，並保留了更多天然風味和營養。原汁原味的食材能夠提升整道菜的口感和風味。

輕鬆去除番茄皮小技巧！

在番茄底部輕輕劃上十字，放入滾水燙約 30 秒，直至番茄皮開始蜷曲，盛起，放入冰水冷卻 1 分鐘，可用手輕輕剝掉番茄皮。

日式馬鈴薯燉肉

有時覺得，餐餐吃「飯」真的很悶，沒甚麼新意，偶爾想換個口味來點鍋物料理！這道日式馬鈴薯燉肉絕對是懶人必備，一鍋煮好後直接舀來吃，肉質軟嫩、馬鈴薯吸滿醬汁，簡單、暖胃又飽足，特別適合忙碌的日子，讓人吃得舒服又滿足。

| 材料 |

豬肉薄片 300 克

馬鈴薯 2 個

紅蘿蔔 1 個

洋葱 1 個

| 調味料 |

日式醬油 45 毫升

日式味醂 30 毫升

日式料理酒 30 毫升

糖 2 湯匙

水 100 毫升

a

b

| 做法 |

1. 馬鈴薯、紅蘿蔔及洋葱去皮，切件，放入電飯煲。
2. 豬肉薄片逐片加入，鋪平，避免堆疊成團，以確保受熱均勻（圖 a）。
3. 加入調味料和水，攪拌均勻（圖 b）。
4. 電飯煲選擇「煮飯模式」，烹煮 50 分鐘即成。

料理貼士

如何避免肉片變成「乾柴」？

如果使用瘦肉部位（如梅花肉或後腿肉），烹煮時容易失去水分，導致口感乾硬。建議選用五花肉或帶點油脂的肉類，脂肪分佈較均勻，烹煮後能保留更多肉汁，口感更滑嫩。

創意版「日式馬鈴薯燉肉」！

經典的「日式馬鈴薯燉肉」可隨意變化，常用豬肉薄片，也可換成牛肉薄片，味道依舊出色。此外，也可加入本菇、香菇或芋絲等，增添豐富口感層次。

台式醬香滷肉燥

滷肉燥絕對是家常料理的百搭常備菜！每次煮滷肉燥總會煮滿滿的一大鍋，存放雪櫃，隨時取出加熱，方便又美味。無論是拌飯、拌麵、配菜，甚至加入滷蛋或豆腐，能瞬間提升味道，讓簡單的一頓飯變得更豐富。一鍋滷肉燥，美味簡單，隨時享用！

| 材料 |

免治豬肉 400 克

油炸豆腐 3 塊

雞蛋 2 個

蒜頭 3 瓣

乾葱頭 1 個

| 調味料 |

生抽 50 毫升

老抽 1 湯匙

紹興酒 1 湯匙

冰糖 1 粒

五香粉 1 湯匙

炸乾葱碎 1 湯匙

水 250 毫升

a

b

c

d

| 做法 |

1. 蒜頭切成蒜蓉；乾葱頭切碎；油炸豆腐切半。
2. 雞蛋放入滾水煮 10 分鐘，再放進冰水冷卻，去殼備用。
3. 預熱電飯煲，選擇「煮飯模式」，加入適量油，放入蒜蓉和乾葱頭碎爆香，炒出香味（圖 a）。
4. 加入免治豬肉，翻炒至肉碎轉色，加入調味料和水，隨後加入雞蛋，加蓋，烹煮 50 分鐘，讓滷汁慢慢滲透（圖 b-c）。
5. 電飯煲自動跳掣後，加入油炸豆腐，切換至「保溫模式」焗煮 30 分鐘，讓豆腐吸收滷肉燥醬汁即成（圖 d）。

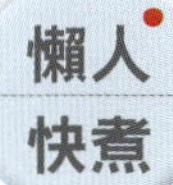

五香滷味包實在太好用！

現售的五香滷味包，通常包含八角、花椒、桂皮、草果和陳皮等多種香料，這些香料為滷肉增加豐富的風味。使用五香滷味包不僅可以省去自行搭配調味料的麻煩，還能確保穩定滷汁的風味。

韓醬燉豬肋條

輕鬆觀看教學影片

韓式烤肉醬真的是我廚房的萬能調味料，已經多次回購，不管搭配那種肉類，都能完美提升風味！這道韓醬燉豬肋條就是用它來調味，鹹甜濃郁，讓豬肋條慢慢燉煮入味，燉煮後軟嫩入味，醬香十足，拌飯吃特別適合！

| 材料 |

豬肋條 450 克

紅蘿蔔 1 個

洋葱 1 個

蒜頭 4 瓣

a

| 調味料 |

韓式烤肉醬 4 湯匙

糖 1 茶匙

雞湯 250 毫升

水 150 毫升

b

| 做法 |

1. 紅蘿蔔去皮，切件；洋葱去皮，切件；蒜頭拍扁。
2. 豬肋條切件，汆水處理，洗淨，用廚房紙吸乾水分，瀝乾備用（圖 a）。
3. 豬肋條放入電飯煲，加入紅蘿蔔、洋葱、蒜頭及調味料，加入雞湯及水蓋過豬肋條表面。
4. 蓋上鍋蓋，選擇「煮飯模式」，烹煮 50 分鐘（圖 b）。
5. 電飯煲自動跳掣後，切換至「保溫模式」焗煮 15 分鐘，讓味道更入味即成。

料理貼士

廚房必備的烤肉醬！

韓式烤肉醬味道濃郁，不論是豬肋條、牛小排還是雞肉，都能輕鬆增添鮮香和層次感。鹹甜平衡、醬香十足，不管是燜煮、醃製或拌炒，都能讓料理瞬間升級，家庭必備！

家庭版豉油雞腿

每次經過街頭小食店，總聞到陣陣濃郁的豉油香，讓人忍不住停下腳步。

這道豉油雞腿，用電飯煲就能輕鬆燜煮，讓啖啖肉的雞腿充份吸收醬汁，每一口都嫩滑入味，散發微微甜香與濃厚豉油醬香。毋須繁瑣步驟，簡單一鍋到底，就能在家重現那份熟悉、令人懷念的經典味道。

| 材料 |

雞腿 3 隻

薑 4 片

蒜頭 4 瓣

葱 5 棵

| 醃料 |

生抽 150 毫升

老抽 2 湯匙

蠔油 1 湯匙

花雕酒 1 湯匙

糖 30 克

水 150 毫升

a

b

c

| 做法 |

1. 薑去皮；蒜頭拍扁；葱切段。
2. 雞腿洗淨，用廚房紙吸乾水分，加入醃料拌勻醃 30 分鐘。
3. 將葱段放入電飯煲底部作為墊底，排入雞腿、薑片、蒜頭及剩餘醃料醬汁（圖 a-b）。
4. 選擇「快煮模式」，烹煮 30 分鐘。
5. 電飯煲自動跳掣後，稍微多焗 5 分鐘，讓味道滲入雞腿肉，更加入味（圖 c）。

料理貼士

破解急凍雞髀的雪味，還原鮮嫩口感！

要去除急凍雞髀的雪味，雞髀可先放入雪櫃冷藏層慢慢解凍，以保持肉質鮮嫩。解凍後，用水徹底沖洗，去除表面殘留的冰渣和血水，再將雞髀浸泡鹽水最少 1 小時。這不僅有效去除異味，還能保持肉質的彈性，更適合後續的烹煮處理。

醬爆黑椒牛仔骨

黑椒牛仔骨通常以香煎方式製作，焦香四溢，這次換個做法，用電飯煲焖煮，帶來不一樣的美味享受！

透過電飯煲的焖煮方式，鍋蓋密封，緊鎖濕氣和香氣，讓肉汁與醬汁完美融合，緊緊包裹牛仔骨，使肉質軟嫩入味，好吃得讓你連牛仔「骨」都不想放過！

| 材料 |

牛仔骨 350 克

洋葱 1 個

a

| 黑椒汁（拌匀）|

生抽 1.5 湯匙

蠔油 2 湯匙

糖 1 匙

鹽 1 茶匙

黑椒碎 2 茶匙

水 50 毫升

b

| 做法 |

1. 洋葱去皮，切成條狀，備用。
2. 牛仔骨洗淨，用廚房紙吸乾水分，切成合適大小，備用。
3. 電飯煲內放上洋葱條鋪底，一片片牛仔骨鋪於洋葱上，淋入黑椒汁（圖 a-b）。
4. 選擇「快煮模式」烹煮 30 分鐘，讓肉質變軟、醬汁濃郁。
5. 完成後拌匀，讓醬汁完全緊鎖牛仔骨及入味即成。

料理貼士

想去除牛仔骨的雪味？試試簡單又實用的「浸泡清水法」！

將牛仔骨放入水中浸泡約30分鐘，期間可更換水數次，不僅能有效去除血水和雪味，還能讓牛仔骨更加鮮嫩美味！

美食靈感

醬爆黑椒牛仔骨加三色甜椒，色香味更升級！

三色甜椒洗淨後去籽，切成適當大小，待電飯煲煮至最後階段（約跳掣前5分鐘），加入三色甜椒，稍微翻拌讓醬汁均勻地包裹，繼續燜煮5分鐘，保留甜椒鮮艷色澤和爽脆口感，讓牛仔骨更美味好看！

港式咖喱牛腩

午餐飯盒帶飯，當然少不了多醬汁的餸菜！畢竟多醬汁才好伴飯，返工也要吃得美味啊！這道港式咖喱牛腩用電飯煲燉煮，讓牛腩慢慢吸收濃厚的咖喱醬汁，軟嫩入味，配飯超級惹味。每次在公司小廚房傳來陣陣咖喱香氣，總引來同事的羨慕和讚好，讓人忍不住快點打開飯盒，好好享受這碗濃香滑順的咖喱牛腩！

材料

牛腩 500 克
白蘿蔔 1 個
蒜蓉 1 湯匙
薑 3 片

調味料

生抽 1 湯匙
糖 1 茶匙
咖喱醬 3 湯匙
椰漿 120 毫升
水 150 毫升

粟粉水（拌勻）

粟粉 1 湯匙
水 2 湯匙

做法

1. 牛腩汆水處理，洗淨，用廚房紙吸乾水分，備用。
2. 白蘿蔔去皮，切成適當大小的塊狀，備用。
3. 電飯煲選擇「慢燉模式」，加入少許油、蒜蓉及薑片爆香，放入牛腩煎至表面轉色。
4. 加入生抽、糖和咖喱醬，翻拌均勻，再加入椰漿和水，加蓋，燜煮 1 小時，讓牛腩軟化入味。
5. 加入白蘿蔔，繼續燉煮 30 分鐘，讓白蘿蔔吸收咖喱醬汁。
6. 燉煮結束後，加入粟粉水收汁，拌勻至醬汁濃稠即成。

料理貼士

選擇合適的牛腩！

建議使用坑腩或崩沙腩，這些部位帶筋及油花，慢燉後口感滑嫩，醬汁更濃厚。避免使用過瘦的牛腩，燉煮後或會變得乾柴、欠油潤感。透過電飯煲慢燉，讓牛腩充分吸收咖喱醬汁，肉質更細膩，每一口都充滿濃郁的咖喱香氣。

備註：一般來說，崩沙腩肉質較嫩、油脂分佈較均勻，通常比坑腩略貴啊！

糖醋排骨

糖醋排骨是很多家庭的經典家常菜，肉質軟嫩，搭配酸酸甜甜的醬汁，特別開胃，伴飯更是一流。每次想不到晚餐該煮甚麼肉類時，就想到用電飯煲燜煮一鍋肉。

煲飯前先烹煮排骨，待排骨煮好後，接着煮飯，一鍋兩用，省時又省力，讓做飯變得更輕鬆。

| 材料 |

排骨 500 克

| 香料 |

薑 4 片

香葉 3 片

八角 4 顆

| 汁料 |

生抽 3 湯匙

老抽 1 湯匙

紹興酒 1 湯匙

鎮江醋 2 湯匙

冰糖 50 克

| 做法 |

1. 排骨汆水處理，洗淨，用廚房紙吸乾水分，備用（圖 a）。
2. 排骨放入電飯煲內，加入香料和汁料，倒入水，剛好蓋過排骨表面（圖 b）。
3. 選擇「煮飯模式」烹煮 50 分鐘，直至排骨熟透且入味。
4. 電飯煲自動跳掣後，切換至「保溫模式」焗煮 15 分鐘，讓肉質更軟嫩即成。

料理貼士

糖和鎮江醋的比例？

一般來說，糖與鎮江醋的比例約為 1：1，但可根據個人口味稍作調整，以達到理想的酸甜平衡。

偏甜口味：鎮江醋調整至 2-3 湯匙，讓味道更溫和順口。

偏酸口味：鎮江醋增加至 4-5 湯匙，能夠提升酸味，吃起來更開胃。

03
中西鍋飯，懶人一鍋到底！

一道料理包含飯、肉、菜，讓美味與便利兼具！

你應該不會沒聽過「電飯煲一鍋飯」吧！這是很多家庭的料理法寶，電飯煲不只單純煮白飯，還可加入各種食材，變化成炊飯、燉飯、燜飯，讓一鍋飯同時有米飯、肉類及蔬菜，輕鬆解決一餐！

透過電飯煲的自動烹煮模式，只要設定水量和食材，待時間過後，就能享用一鍋香氣四溢的美味料理。這種烹飪方式既省時又方便，非常適合忙碌的日常或懶人料理。

讓你簡單認識——炊飯、燉飯、燜飯

炊飯、燉飯和燜飯看似類似，但實際上在烹煮方式和口感風味，都有所不同！

炊飯

最基本的米飯烹調方式，通常是白飯；但也可加入食材變化成香料飯或燜飯，米飯口感較鬆軟、粒粒分明，適合作為日常主食或搭配各種餸菜。

燉飯

經典的意大利風味料理 Risotto，透過電飯煲的「煲粥模式」，讓米粒充份吸收高湯，慢慢烹煮濃郁風味的燉飯。烹煮時，米粒釋放澱粉質，使口感更濃稠滑順，不像普通白飯那樣分明。經典的燉飯菜式包括海鮮燉飯、蘑菇燉飯。

燜飯

米飯、肉類、蔬菜與醬料一起燜煮，讓食材汁液滲入米飯，帶來濃郁醬香和軟糯濕潤的口感。代表性料理包括香菇雞腿燜飯、港式臘味煲仔飯，一鍋到底，美味又飽足。

上海鹹肉菜飯

這道經典的滬式家常料理，常見於上海菜館或中式酒樓，每次在餐牌上看到，總會忍不住點上一碗！燜煮後的米飯吸收鹹肉的油脂與香氣，濃郁風味讓人一口接一口地吃。

其實，在家用電飯煲就能簡單還原這道美食，一鍋到底，簡單省時，醬香撲鼻，口感絕對不輸餐廳！

| 材料 |

金華火腿 70 克

米 270 克（約 1.5 量米杯）

水 300-330 毫升（電飯煲內鍋刻度「1.5」）

小棠菜 6 棵

| 做法 |

1. 金華火腿切成小粒，放入有少許油的平底鍋，以小火煸炒香氣，取出備用（保留鍋內油脂）（圖 a）。
2. 小棠菜洗淨，分為菜梗和菜葉，分別切碎，備用（圖 b）。
3. 將炒好的金華火腿、米和水放入電飯煲，選擇「煮飯模式」，烹煮 50 分鐘（圖 c）。
4. 利用平底鍋煸出的油脂，先放入菜梗略翻炒，隨後再加入菜葉略炒，取出備用。
5. 飯煮至最後階段（約跳掣前 5 分鐘），加入青菜，加蓋繼續煮熟（圖 d）。
6. 電飯煲自動跳掣後，靜置 5-10 分鐘，讓金華火腿和青菜的香氣滲透至米飯即成。

料理貼士

金華火腿 —— 省時省力又增香的完美選擇！

傳統的上海鹹肉菜飯通常使用醃製的鹹肉，不過現在改用金華火腿，不僅處理起來更簡單方便，且在超級市場和街市容易買到。金華火腿帶濃郁的香氣和味道，能為菜飯增添豐富的層次！

美食靈感

菜飯青菜隨意搭，選對食材更美味！

除了小棠菜，還可選用小白菜、菠菜或油麥菜等等。這類青菜口感柔嫩，能平衡鹹肉的濃郁風味。纖維粗的如芥菜或芹菜則不太適合，容易影響整體口感，建議選擇葉片柔軟的青菜更佳！

芝士焗咖喱雞飯

沒想到電飯煲可以取代焗爐，製作芝士焗飯吧？沒錯，這個做法有點取巧，雖然未能完全做到焗爐烤得焦香的效果，但電飯煲焖煮的芝士焗飯，卻能帶來滑順柔軟的口感，一樣能滿足喜歡濃郁拉絲感的人！

咖喱雞飯和濃郁芝士完美融合，米飯充份吸收咖喱醬汁，濃郁口感層層堆疊，搭配滑順的融化芝士，每一口都充滿滋味。這款富創意的焗飯，值得一試！

| 材料 |

雞扒 1 塊
紅蘿蔔 1 個
馬鈴薯 1 個
洋葱 1 個
米 180 克（約 1 量米杯）
水 200-220 毫升（電飯煲內鍋刻度「1」）

| 調味料 |

日式咖喱磚 1 塊
芝士碎適量
鹽適量
黑胡椒碎適量

| 做法 |

1. 急凍雞扒解凍，清洗後用廚房紙吸乾水分，切塊，加入鹽和黑胡椒碎醃 30 分鐘。
2. 紅蘿蔔、馬鈴薯和洋葱切成適當大小，備用（圖 a）。
3. 電飯煲選擇「煮飯模式」，加入少許油，放入雞扒拌炒至表面微微金黃，盛起備用。
4. 放入紅蘿蔔、馬鈴薯和洋葱，炒至香氣釋放，盛起備用。
5. 電飯煲加入米、水和日式咖喱磚，放入紅蘿蔔、馬鈴薯、洋葱及雞扒，選擇「快煮模式」，烹煮 30 分鐘（圖 b-c）。
6. 待飯煮至最後階段（約跳掣前 5 分鐘），撒上芝士碎鋪在飯面，加蓋繼續燜煮（圖 d）。
7. 煮飯結束後，讓芝士充份融化，拌勻即可享用。

料理貼士

芝士焗飯怎樣挑選芝士？

芝士焗飯選擇莫札瑞拉芝士（Mozzarella），融化後拉絲感十足；車打芝士（Cheddar）增添濃郁鹹香味道。混合這兩款芝士，讓焗飯兼具拉絲口感和豐富的味道！

香香濃濃的咖喱，就靠這塊小小的調味磚！

日式咖喱磚是濃稠厚重、帶微甜風味的咖喱調味塊，常用於製作日式咖喱飯。依照辛辣度和風味特色可細分為以下口感：

■ 依辛辣度分類

甘口 Mild：味道偏甜不辣，適合小朋友或不嗜辣人士。

中辛 Medium：適度的辣度，帶點溫和的辛香，接受度最高。

辛口 Hot：辣度較高，辣味濃烈，適合愛吃辣的人。

■ 依風味特色分類

濃厚系 Rich Type：加了湯底，讓咖喱醬更濃厚。

果香系 Fruity Type：含蘋果、蜂蜜等甜味食材，帶淡淡果香。

香料系 Spicy Type：含多種香料，風味更有層次感，帶濃郁辛香。

日式三文魚菇菌炊飯

三文魚是我最愛的魚類，每次到超級市場補貨，都會囤八塊十塊急凍三文魚，因為它實在太百搭、太好煮了！

三文魚的解凍速度比肉類快，特別適合下班回家後，急着快速煮飯的繁忙時候。此時，電飯煲三文魚炊飯就是最方便又美味的選擇——只需簡單備料、放進電飯煲燜煮，就能輕鬆完成營養均衡的一餐。

| 材料 |

三文魚 200 克

本菇 1 包

米 270 克（約 1.5 量米杯）

水 300-330 毫升（電飯煲內鍋刻度「1.5」）

蔥花少許

| 調味料 |

日式昆布醬油 2 湯匙

日式味醂 1 湯匙

日式料理酒 1 湯匙

輕鬆觀看教學影片

| 做法 |

1. 急凍三文魚解凍，清洗後用廚房紙吸乾水分。
2. 三文魚煎至表面微焦熟透，切成小粒備用（圖 a）。
3. 將米、水、本菇和調味料放進電飯煲，選擇「快煮模式」，烹煮 30 分鐘（圖 b）。
4. 煮飯完成後，拌入三文魚粒，加蓋，保溫靜置 5 分鐘，讓香氣滲入米飯，最後灑上蔥花即成（圖 c）。

料理貼士

簡單三款調味，輕鬆煮出正宗日式風味！

炊飯時加入日式昆布醬油、味醂和料理酒，大大提升日式料理的風味。昆布醬油帶來鮮甜味道；味醂增添微甜光澤；料理酒去腥提香，提升甘醇風味。這三款調味料簡單易用，是打造日式風味的小秘訣！

懶人快煮

收工快煮，三文魚是不錯的選擇！

下班回家肚子餓，想快速煮飯？選擇急凍三文魚就對了！

相比牛肉或豬肉，三文魚的解凍速度更快，稍微沖水或冷藏放置，就能迅速回軟，毋須長時間等待，就能馬上開煮。

無論是焖飯、煎烤還是拌飯，三文魚都是省時百搭的好食材，讓晚餐輕鬆搞定，快速又美味！

下次到超級市場補貨，可別忘了多囤幾塊急凍三文魚啊！

港式臘味煲仔飯

每到新年過後，家裏總會剩下很多臘腸和臘肉，這時就會想到用電飯煲煮一鍋臘味飯！即使是普通焖飯，米飯吸收了臘味的油脂和鹹香，已經相當惹味，但如想再提升風味，試試煲仔飯版本絕對不會讓你失望！

雖然電飯煲無法完全複製瓦煲的焦香鍋氣，但只要掌握焖煮方式和水分控制，依然可以讓米飯吸滿臘味精華，醬香濃郁，甚至巧妙地做出香脆鍋巴，讓口感層次更豐富，別有一番風味！

| 材料 |

臘腸 2 條

臘肉 1/2 條

米 180 克（1 量米杯）

水 200-220 毫升（電飯煲內鍋刻度「1」）

煲仔飯豉油適量

| 做法 |

1. 電飯煲底層抹上一層薄薄的油，加入米和水，選擇「煮飯模式」，烹煮 50 分鐘。
2. 臘腸和臘肉汆燙，洗淨，瀝乾水分，切成薄片備用。
3. 飯煮至最後階段（約跳掣前 5 分鐘），加入臘腸片和臘肉片，均勻地鋪在米飯表面，蓋上鍋蓋繼續烹煮（圖 a）。
4. 電飯煲自動跳掣後，讓臘味利用餘溫焗約 10 分鐘，使香味滲入米飯，最後淋上煲仔飯豉油即成。

料理貼士

電飯煲煮出煲仔飯鍋巴的秘訣！

用電飯煲煮出鍋巴口感，可減少水量至米與水比例 1：0.9，使米飯稍微偏乾。內鍋底部塗上一層薄油，更容易煮出香脆的鍋巴！

簡單汆燙，讓臘味更美味！

烹煮臘腸和臘肉前，可先汆燙處理，不僅能去除表面雜質和多餘油脂，還能降低鹹度，同時讓質地更軟化，方便切片和入味，提升菜餚口感！

煲仔飯豉油，可以自己動手做！

現成的煲仔飯豉油在超級市場有售，但如果平時不常煮煲仔飯，為了偶爾煮一兩次特地購買專用豉油，可能會有點浪費。其實，這種醬汁自己動手做也非常簡單！

只需將生抽 2 茶匙、老抽 1 湯匙、糖 1 湯匙、八角 1 顆和水 3 湯匙混合，稍微加熱煮沸，讓糖完全溶化並釋放香氣，就能輕鬆自製煲仔飯豉油。

西班牙海鮮飯

西班牙海鮮飯是我印象中最受朋友歡迎的宴客菜，一上桌是一大盤色彩繽紛、食材豐富的美味，份量十足，視覺和味覺一次滿足！傳統做法以平底鍋慢慢烹煮，確實能帶出地道風味，但需要掌握技巧和火候，稍不留意就可能影響口感。

懶人如我，當然更愛省時省力的做法，於是研究了電飯煲版本，沒想到第一次試煮就成功了！電飯煲全程自動焖煮，只需適時加入海鮮，就能輕鬆完成，不用頻繁照看，也不怕火候掌控失誤。這款簡化版的西班牙海鮮飯，適合任何時候端上桌，讓宴客變得更輕鬆！

材料

急凍蝦 6 隻
急凍青口 4 隻
急凍魷魚圈 8 隻
洋葱 1/2 個
番茄 1 個
紅甜椒 1/2 個
黃甜椒 1/2 個
西班牙米 270 克（1.5 量米杯）
雞湯 300-330 毫升（電飯煲內鍋刻度「1.5」）
蒜蓉 2 湯匙
檸檬 1/2 個（榨汁）

調味料

紅椒粉適量
鹽適量
黑胡椒碎適量

| 做法 |

1. 急凍蝦、青口和魷魚圈解凍，洗淨，瀝乾水分，灑入鹽及黑胡椒碎調味，備用。
2. 紅黃甜椒、番茄和洋葱切成小粒，備用。
3. 電飯煲選擇「煮飯模式」，分次加入蒜蓉、洋葱、番茄及紅黃甜椒，拌炒至香味溢出，盛起備用（圖 a）。
4. 電飯煲內鍋放入西班牙米和紅椒粉，略拌，使米粒均勻地裹上紅椒粉（圖 b）。
5. 加入炒香的蒜蓉、洋葱、番茄及紅黃甜椒，加入雞湯，再次選擇「煮飯模式」，烹煮 50 分鐘（圖 c）。
6. 飯煮至最後階段（約跳掣前 20 分鐘），加入蝦、青口和魷魚圈，鋪平放於飯面，蓋上鍋蓋繼續焗煮（圖 d）。
7. 電飯煲自動跳掣後，靜置 5-10 分鐘，讓味道融合，享用時灑上檸檬汁提鮮增味。

美食靈感

快來試試不同的食材搭配，煮出美味的海鮮飯！

想讓海鮮味更濃郁？可加入貝類海鮮增添鮮甜風味，或搭配章魚帶來嚼勁口感。

想要豐富的層次？試試西班牙臘腸，來增添煙燻辣香味。

喜歡清新口感的？可加入青豆和蘆筍。

懶人快煮

快煮海鮮飯的小秘訣：善用急凍海鮮！

我愛用急凍海鮮！只需提前解凍、簡單調味，即可直接入鍋烹調。急凍蝦、魷魚圈、章魚都是省時又美味的選擇，輕鬆完成濃郁鮮美的西班牙海鮮飯！

香菇雞腿燜飯

如果你喜歡醬汁豐富、超好拌飯的一鍋飯，那麼這道香菇雞腿燜飯絕對值得一試！只需將米飯、雞扒、醬油醬汁一起放入電飯煲燜煮，由生米煮成熟飯，雞腿肉變得軟嫩入味，香菇散發獨特鮮香，米飯吸收滿滿醬汁，每一口濃郁又惹味！

| 材料 |

雞扒 1 塊
乾冬菇 8 朵
米 180 克（1 量米杯）
水 200-220 毫升（電飯煲內鍋刻度「1」）
葱花少許

a

b

| 醃料 |

生抽 2 湯匙
老抽 1 湯匙
蠔油 1 湯匙
紹興酒 1 湯匙
芝麻油 1 湯匙
粟粉 1 茶匙
糖 1 茶匙
蒜蓉 1 茶匙

| 做法 |

1. 乾冬菇浸泡至軟，切片，保留冬菇水備用。
2. 急凍雞扒解凍，洗淨，用廚房紙吸乾水分，加入醃料醃 30 分鐘。
3. 電飯煲加入米、冬菇水、醃雞扒醃料、水和冬菇，攪拌均勻（註：冬菇水＋醃雞扒醃料＋水＝煮飯所需總水量）（圖 a）。
4. 放入雞扒，雞皮朝上，選擇「快煮模式」，烹煮 30 分鐘（圖 b）。
5. 煮飯結束後，取出雞扒切塊，飯面撒上葱花即成。

料理貼士

電飯煲煮出嫩滑雞肉，首選雞扒！

首選雞扒（雞腿肉）！相比雞胸肉，雞扒含較多油脂，燜煮後保持柔嫩多汁、不乾柴，是燜飯料理的理想選擇！

雞件或雞翼也 OK！用雞件或雞翼同樣可以做出美味燜飯，風味不變，但因電飯煲燜飯的特色是一鍋飯煮好後，直接拌勻食材一起吃，帶骨的雞件或雞翼可能不太方便拌飯；若想大口吃肉，選雞扒或無骨雞腿更適合！

金沙牛肉煲仔飯

秋冬轉季，是吃煲仔飯的時節！這道金沙牛肉煲仔飯，以窩蛋牛肉煲仔飯為靈感，將生蛋換成鹹蛋黃，讓米飯與牛肉多了一層沙沙細膩的口感，並且增添濃郁鹹香，使風味更醇厚。經過醃製的牛肉，在燜煮過程釋放滿滿肉汁，深深滲入每粒白飯，使米飯吸收牛肉精華，每一口都充滿驚喜和層次。

| 材料 |

牛板腱 250 克

鹹蛋 3 個

米 180 克（1 量米杯）

水 200-220 毫升（電飯煲內鍋刻度「1」）

葱花少許

| 醃料 |

生抽 1 湯匙

蠔油 1 湯匙

紹興酒 1/2 湯匙

粟粉 1 湯匙

糖 1/2 湯匙

| 拌飯醬汁 |

生抽 1 湯匙

蠔油 1 湯匙

芝麻油 1/2 湯匙

糖 1 湯匙

水 3 湯匙

a

b

c

| 做法 |

1. 牛板腱加入醃料，醃製 30 分鐘，備用（圖 a）。
2. 鹹蛋黃取出，隔水蒸熟 8 分鐘，壓碎。燒熱平底鍋，加入少量油，翻炒鹹蛋黃至金黃色，備用。
3. 電飯煲底層抹上一層薄薄的油，加入米和水，選擇「煮飯模式」，烹煮 50 分鐘。
4. 飯煮至中段（約跳掣前 30 分鐘），加入牛板腱平鋪飯面，蓋上鍋蓋繼續煮熟（圖 b）。
5. 飯煮至最後階段（約跳掣前 5 分鐘），加入爆香的鹹蛋黃，鋪在牛板腱表面，蓋上鍋蓋繼續煮（圖 c）。
6. 煮飯完成後，淋上拌飯醬汁，撒上葱花即成。

懶人快煮

用電飯煲完成多重步驟，讓料理變得再簡單！

如想節省鍋具，可用電飯煲蒸煮鹹蛋黃，首先將鹹蛋黃放在蒸架上層，下層加水隔水蒸就可以；還可用電飯煲爆香鹹蛋黃，方便之餘，又減少清洗麻煩。

電飯煲煮意粉，掌握3個小秘訣，媲美鍋煮的完美口感！

用電飯煲煮意粉，方便又實用，特別適合忙碌的日子或下廚新手。只需掌握水量和時間，就能輕鬆煮出美味的意粉，再搭配多款醬料，為你的餐桌增添創意與樂趣！

水量要精準

電飯煲煮西式意粉一般為拌意粉類，需要精準控制水量，避免影響意粉口感。像意大利寬條麵 Fettuccine 的立體蜷曲狀麵條，水量只需加至麵條高度一半；意大利細麵 Spaghetti 的扁平薄身麵條，可先折成適合電飯煲的長度，再將水量調至剛好覆蓋意粉即可。

適時攪拌，避免意粉黏連

烹煮意粉的過程會釋放澱粉，如長時間靜止，澱粉質會讓意粉互相黏連，影響口感。適時攪拌有助分開麵條，保持理想的形狀和質感。

掌握熟度，煮出「Al Dente」口感

電飯煲的煮飯模式加熱速度較傳統鍋具慢，所以用電飯煲煮意粉，可能需要比意粉包裝標示的時間稍長些。建議可設定約 10 分鐘，期間適時檢查意粉的熟度，根據需要延長至 12 分鐘左右，直至意粉達到理想的「Al Dente」口感。

「Al Dente」是甚麼樣的口感？

Al Dente 是意大利語，指的是適中的熟度，帶點彈性和嚼勁，是意大利粉的理想口感。

番茄肉醬意大利粉

這道番茄肉醬意大利粉是從小已吃的經典美食，濃厚的番茄和香滑肉醬完美包裹彈牙的意粉，每一口都充滿濃郁風味，吃到停不下來，忍不住發出「噓噓聲」！這次突破傳統西式風格的做法，巧妙地加入中式調味料，只需利用家中常備的醬料，就能輕鬆煮出層次豐富、濃郁美味的肉醬。簡單、省時，一試愛上！

輕鬆觀看教學影片

材料

意大利粉 120 克

免治肉碎 200 克

番茄 2 個

洋葱 1/2 個

醃料

鹽適量

黑胡椒碎適量

醬汁料

番茄膏 20 克

生抽 2 湯匙

老抽 1/2 湯匙

蠔油 1 湯匙

糖 2 茶匙

鹽 1 茶匙

黑胡椒碎適量

蒜蓉 1 湯匙

水 300 毫升

做法

1. 免治肉碎加入鹽和黑胡椒碎，醃 30 分鐘。
2. 番茄和洋葱切碎；醬汁混合，備用。
3. 意大利粉折成適當大小，放入電飯煲，加入番茄、洋葱、免治肉碎和醬汁，翻拌均勻，選擇「煮飯模式」，烹煮 50 分鐘（圖 a-c）。
4. 意粉煮至中段（約跳掣前 30 分鐘），翻動意粉，蓋上鍋蓋繼續煮（圖 d）。
5. 電飯煲自動跳掣後，輕拌意粉，使醬汁均勻吸收即成。

料理貼士

中途要翻動意粉？

意粉煮至中段時，打開鍋蓋翻動意粉，有助麵條均勻吸收醬汁，避免黏成一團，並確保熟度一致，使口感更彈牙。這個簡單步驟能讓意粉更入味，不妨試試！

美食靈感

讓肉醬更濃郁、風味更升級！

電飯煲煮蕃茄肉醬已經相當美味，還可以加入以下食材，讓層次更豐富！

洋葱：提升醬汁的甜味和香氣，使整體風味更濃郁。

蒜蓉：帶來微微蒜香，讓肉醬的風味更突出。

紅蘿蔔碎：適量添加能帶來天然甜味，口感更豐富。

蘑菇：吸收醬汁精華，增添鮮味，讓口感更滑嫩，讓每一口都更滿足！

黑松露蘑菇忌廉意粉

西式意粉醬汁，最經典的莫過於白醬（忌廉基底），而我最愛的，絕對是蘑菇忌廉意粉！濃厚滑順的忌廉醬汁，緊緊包裹每條意粉，釋放濃郁奶香和蘑菇的鮮味，每一口都是無法抗拒的美味享受。這次特別加入松露蘑菇醬，讓整體味道瞬間 level up，添上細膩而獨特的松露香氣，讓這道意粉更添奢華感，簡直太好味了！

| 材料 |

意大利粉 75 克

水適量（足夠剛好蓋過意粉）

鹽 1/2 茶匙

橄欖油 1 茶匙

黑松露蘑菇醬適量

| 醬料 |

白蘑菇 4 顆

洋葱 1/4 個

蒜蓉 1 湯匙

忌廉 100 毫升

歐芹適量

鹽適量

黑胡椒碎適量

橄欖油少許

做法

1. 白蘑菇抹淨，切片；洋葱切粒，備用。
2. 將意粉、水（水量剛好蓋過意粉）、鹽和橄欖油放入電飯煲，選擇「煮飯模式」烹煮 10 分鐘，煮好後取出備用（圖 a-b）。
3. 電飯煲加入少許橄欖油，選擇「煮飯模式」，加入白蘑菇和洋葱，炒香至蘑菇稍微變軟、洋葱呈透明。
4. 電飯煲轉為「保溫模式」，加入忌廉和黑松露蘑菇醬，輕輕攪拌均勻，讓醬汁融合，煮 2 分鐘至醬汁濃稠（圖 c）。
5. 加入意粉徹底拌勻，讓意粉吸收醬汁，最後根據個人口味，加入鹽、黑胡椒碎、歐芹調味即成（圖 d）。

料理貼士

想享受黑松露風味，不一定要高昂成本！

真正的黑松露價格不菲，但超市就能買到黑松露蘑菇醬，輕鬆取代黑松露，方便又平價，讓料理瞬間升級，更添奢華感！每次用量毋須太多，只需一、兩茶匙，就能讓整道菜散發迷人的黑松露香氣，細膩而濃郁，令家常料理充滿高級感！

美食靈感

簡單搭配，讓忌廉意粉更豐富吸引！

忌廉意粉的濃滑奶香和多種食材都搭配，讓口感更豐富，深受小朋友喜愛！

煙肉和火腿：帶來鹹香層次，與忌廉醬完美結合。

粟米：增添天然甜味，使整道意粉更清新可口。

雞肉粒：增加飽滿感。

青豆：帶來一點清甜，使忌廉意粉更有層次、不膩口。

芝士碎或芝士粉：讓醬汁更濃郁滑順，奶香豐足，讓這道意粉更美味吸引！

04
鹹甜粥品，
享受綿滑米香！

電飯煲不只煲飯，煲粥一樣出色！
別忘了，飯煲刻度上寫着“CONGEE”呢！

電飯煲煮粥最吸引人的地方，就是免顧爐火，避免煮瀉或燶底，少了後續清潔的麻煩！只要掌握水量與時間，一打開煲蓋就能享受綿密細滑的美味粥品。

肉類、海鮮、蔬菜，甚至乾貨都能入粥，變化多樣，隨心搭配，輕鬆煮出最合心意的味道。無論是暖胃家常粥或香甜養生粥，一鍋簡單的粥品，帶來綿香的幸福滋味！

輕鬆煮出暖心白粥

如你是第一次煲粥，不如從白粥開始，熟悉做法後，就能隨心加入食材，自由發揮，煮出最合口味的美味粥品！

煮粥前，先預備好兩項工具 —— 量杯（方便準確測量米和水的比例，確保口感理想）、矽膠匙或其他防刮小工具（方便攪拌粥底，避免米粒黏鍋，確保米粥均勻濃稠）。

| 材料 |

白米 180 克（1 量米杯）

水 1-1.2 公升（電飯煲內鍋刻度「1」）

鹽適量

| 做法 |

① 白米洗淨，浸泡最少 30 分鐘，讓米粒吸收水分。

② 電飯煲加入白米和水，選擇「煲粥模式」，烹煮 90 分鐘。

③ 當粥煮至中段（約跳掣前 30 分鐘），開蓋攪拌，讓米粒釋放澱粉。

④ 完成後，保持「保溫模式」燜煮 15-30 分鐘，最後灑入鹽調味，即成。

水量是決定粥品稀稠度的關鍵因素！

調整建議：

如想吃更濃稠粥品，可減少水量至 900 毫升。

如喜歡較稀粥品，可增加水量至 1.3 公升。

掌握 3 個簡單技巧，讓粥品口感更綿密順滑！

① **白米先浸泡：**米粒充份吸收水分，讓煮出來的粥更滑順細膩。

② **適時攪拌：**煮至中段時，開蓋攪拌均勻，有助米粒釋放澱粉，使粥底更濃稠順滑。

③ **燜煮提升口感：**煮好後保溫燜煮，讓粥底更柔滑細緻。

吃粥，充滿樂趣！創意搭配，讓美味更添驚喜！

搭配不同的食材，能夠煮出各種色彩繽紛的粥品，讓每一口都充滿驚喜和滿足。

南瓜粥：金黃色粥底，甜香濃郁，視覺和味覺充滿溫暖感。

紫米粥：深紫紅色粥底，含豐富的花青素，帶有淡淡米香。

紅豆粥：紅褐色粥底，紅豆自然甜味和綿密口感完美融合。

菠菜粥：淡綠色粥底，清新甘甜，滿滿蔬菜的營養。

芝麻黑米粥：深灰色粥底，芝麻和黑米香濃醇厚，養生滋補。

皮蛋瘦肉粥

說到香港味道，怎能缺少這道經典粥品——皮蛋瘦肉粥！綿密細滑的米粥，融合皮蛋的獨特甘香與瘦肉的鮮甜，入口即化，暖心又濃郁。別以為只有爐火慢熬才能煮出順滑細膩的口感，電飯煲也能輕鬆做到！只要掌握米、水比例和煮粥技巧，同樣能煮出香濃細滑的粥底。無論早餐、宵夜或是暖胃料理，都讓人吃得滿足！

材料

皮蛋 2 個

瘦肉絲 150 克

薑絲適量

白米 180 克（1 量米杯）

水 1- 1.2 公升（電飯煲內鍋刻度「1」）

醃料

鹽 1 茶匙

麻油 1 茶匙

調味料

鹽適量

麻油適量

做法

1. 瘦肉絲加入醃料拌勻，醃 15 分鐘；皮蛋去殼，切成小塊，備用。
2. 電飯煲加入白米和水，選擇「煲粥模式」，烹煮 90 分鐘。
3. 當粥煮至中段時（約跳掣前 30 分鐘），加入瘦肉絲、薑絲及皮蛋塊，稍作攪拌，蓋上鍋蓋繼續煮。
4. 煮好後，加入鹽和麻油調味，攪拌均勻即成。

保持肉質鮮嫩，關鍵在於加入食材的時間！

建議在米粥煮至中後階段時，才加入肉類，不僅能保持肉質鮮嫩，避免因長時間高溫烹煮而令肉質變得過老，也能鎖住鮮味，讓米粥更香甜濃郁。

粟米南瓜牛肉碎粥

每當身體不適、口味清淡時，總想來一碗暖胃的粥品，這道粟米南瓜牛肉碎粥正是暖心享受！南瓜帶有天然甜味，牛肉碎可增添飽足感，讓米粥的口感更豐富。

這道粥品特別加入粟米，不僅讓粥底更香甜，還增添爽脆口感，讓每一口都滿有層次。南瓜甘甜、粟米清甜、牛肉碎嫩滑，三者完美融合，簡單卻營養滿分。

| 材料 |

南瓜 1/2 個

粟米 1 條

江瑤柱 2 粒

免治牛肉碎 300 克

白米 180 克（1 量米杯）

水 1-1.2 公升（電飯煲內鍋刻度「1」）

| 醃料 |

生抽 1 湯匙

紹興酒 1 茶匙

粟粉 1 茶匙

| 調味料 |

鹽適量

麻油適量

| 做法 |

1. 南瓜去皮，切成小塊；粟米剝成一顆顆；江瑤柱浸泡至軟化，備用（圖 a）。
2. 免治牛肉碎加入醃料拌勻，醃 30 分鐘備用。
3. 取半份南瓜粒與粟米粒，加入適量水，用攪拌器打成糊狀（若沒有攪拌器，可省略此步驟）（圖 b）。
4. 電飯煲加入白米、南瓜、粟米、南瓜糊、江瑤柱和水，選擇「煲粥模式」，烹煮 90 分鐘（圖 c）。
5. 當粥煮至中段時（約跳掣前 30 分鐘），加入免治牛肉碎略拌，蓋上鍋蓋繼續煮（圖 d）。
6. 煮好後，加入鹽和麻油調味，攪拌均勻即成。

料理貼士

選擇適合的南瓜品種很重要！

推薦使用日本南瓜或韓國南瓜，這兩種南瓜的甜度較高，口感更濃郁滑糯，為粥品增添天然的甜味與香氣！

南瓜先加入 vs. 後加入，口感大不同！

南瓜先加入 — 南瓜在粥底慢慢熬煮，釋放自然甜味，讓米粥質地濃稠細滑，每一口都溫潤順口，特別適合幼兒寶寶或暖胃食用。

南瓜後加入 — 南瓜保留塊狀，增添軟糯口感，並讓粥品呈現鮮亮金黃色，適合喜歡咀嚼、有口感人士。

根據個人口味，選擇最適合自己的南瓜粥煮法，更美味！

滋補八寶粥

自己下廚最大的樂趣，就是能按照喜好自由搭配食材，創造出最適合自己的味道！

八寶粥的組合多種多樣，這次分享的是我們家最愛的版本——黑豆、紅豆、綠豆、糯米、薏米、紅腰豆、花生和蓮子，營養豐富又暖胃。特別加入糯米，更添軟糯細滑的口感，增添米香，使粥品更飽滿！

輕鬆觀看教學影片

| 材料 |（乾品重量）

黑豆 30 克

紅豆 20 克

綠豆 15 克

糯米 60 克

薏米 15 克

紅腰豆 20 克

花生 20 克

蓮子 30 克

紅棗 3 顆

冰糖 50 克

水 1-1.2 公升（電飯煲內鍋刻度「1」）

| 做法 |

1. 黑豆、紅豆、綠豆、糯米、薏米、紅腰豆、花生及蓮子，預早浸泡最少 1 小時，清洗備用。
2. 紅棗切半，去核，備用。
3. 電飯煲加入所有材料（冰糖除外）和水，選擇「煲粥模式」，烹煮 90 分鐘。
4. 當粥煮至最後階段（約跳掣前 15 分鐘），加入冰糖，蓋上鍋蓋讓甜味充份融入。
5. 煮好後，輕輕攪拌，讓粥品更濃稠滑順即成。

料理貼士

八寶粥營養豐富、暖胃滋補，四季皆宜的美味選擇！

八寶粥結合多種豆類、穀物和堅果，含豐富的蛋白質、膳食纖維及多種維他命，幫助補充能量並促進腸胃健康。烹煮後口感軟糯順滑，容易消化，特別適合養生調理或身體需要溫補時享用。

黑豆：補腎養血、增強體力。

紅豆：清熱解毒、促進代謝。

綠豆：消暑降火、清熱解毒。

糯米：健脾暖胃、增添粥品黏稠感。

薏米：祛濕健脾、美白養顏。

紅腰豆：富含蛋白質，補充營養。

花生：增加香氣、促進腸胃健康。

蓮子：養心安神、助眠抗壓。

美食靈感

食材多樣，自由搭配！

食材靈活搭配，也可加入紅棗、杞子、桂圓乾、燕麥、芝麻、杏仁、腰果等食材，增添味道和營養。

牛奶紫米紅豆粥

從我小時候開始，媽媽經常煮很多養生保健料理，總是唸着女生要好好補養身體，讓氣色更好、元氣滿滿。這道牛奶紫米紅豆粥跟傳統的五紅粥略有相似，選用紅豆、紅棗、杞子和紅糖等紅色食材，唯獨將紅米換成紫米，帶來更醇厚的味道。紫米的淡淡米香和紅豆的甜美融合，再以紅棗和杞子點綴，最後加入牛奶提升滑順口感。這是媽媽教我的家常做法，簡單卻充滿溫暖。

| 材料 |（乾品重量）

紅豆 80 克

紫米 50 克

紅棗 4 顆

杞子 10 克

花生 30 克

紅糖 30 克（可依個人口味調整）

水 1 公升

牛奶 300 毫升

| 做法 |

1. 紅豆、紫米、紅棗、杞子及花生洗淨，備用。
2. 電飯煲加入紅豆、紫米、紅棗、杞子、花生和水，選擇「煲粥模式」，烹煮 90 分鐘。
3. 當粥煮至最後階段（約跳掣前 15 分鐘），倒入牛奶和紅糖，稍作攪拌，蓋上鍋蓋繼續煮。
4. 煮好後拌勻，使粥品更濃稠滑順。

偷懶浸泡紅豆小技巧！

喜歡嘗細滑口感紅豆粥的人，烹煮前通常先浸泡紅豆，讓紅豆吸收水分變軟，更容易煮出綿密細滑或帶點豆沙的口感。若時間不足又想追求豆沙口感，可用熱水快速泡浸約 30 分鐘，並適時換水以保持溫度，這樣比冷水浸泡更快速有效！

05

美味湯水，
整天元氣滿滿！

煲湯沒你想像般困難，有電飯煲更事半功倍！毋須技巧、不用顧火，躺着等待暖心滿滿的靚湯！

煲湯其實沒那麼困難！只要掌握電飯煲的模式設定、時間和技巧，就算只是翻翻雪櫃，拿取隨手可得的食材，也能輕鬆煲煮一鍋暖心好湯。真的就像我經常掛在嘴邊說：「把食材丟進電飯煲，按下按鈕，然後放心等着喝湯。」那麼簡單，輕鬆又滿足！

煲湯入門：簡單食材煮出保健好湯，新手必試！

剛開始學煲湯，不妨從日常保健湯水開始，食材簡單，輕鬆上手。這類湯品適合日常飲用，能調理身體、補充營養，能滋養身心，提升體質，甚至緩解小問題如潤肺降燥、健脾助消化等。

最好挑選適合慢燉熬煮的湯品，才能發揮最佳效果！

① **慢燉型湯品**：穩定控溫，讓食材慢慢熬出鮮味。燉煮時間長，能充分釋放膠質和營養，如豬骨湯、雞湯等。

② **保健養生湯**：透過長時間燉煮，讓食材的滋補功效完全發揮。

③ **素湯**：燉煮後湯頭更鮮甜，保留蔬菜的天然風味。

煲湯前留意：並非所有湯都適合電飯煲！

雖然電飯煲煮湯省時又方便，但並非所有湯品都適合電飯煲製作，特別是需要大火滾煮或容易變質的湯品。

海鮮湯：需要大火快煮才能逼出海鮮味；電飯煲的溫度較低，難以達到效果，例如魚湯。

乳白色湯：需要先大火熬至湯頭奶白，再轉小火燉煮；電飯煲無法做到這種溫控變化，例如魚湯、豬骨湯等。

隔水燉湯：需要細火燉煮才能保持食材口感，電飯煲的溫度可能過高，破壞質地，例如燕窩、花膠湯等。

總括來説，選擇湯品時要考慮食材特性和燉煮方式，電飯煲最適合慢燉型湯品；如需要大火滾煮，建議改用其他烹飪工具，以達到最佳效果。

蟲草花粟米排骨滋補湯

蟲草花粟米排骨滋補湯，聽起來是不是很有「補身」的感覺？這可是我們全家都愛喝的暖心湯品！

蟲草花滋補溫和，粟米帶有自然清甜，搭配排骨燉製湯品的鮮香，每一口都讓人滿足。這道湯品特別適合換季或疲憊時飲用，美味又暖身。

材料

豬尾骨 300 克
紅蘿蔔 1 個
粟米 1 條
蟲草花 30 克
杞子 10 克
紅棗 3 顆
水 1.8-2 公升
鹽適量

a

b

做法

1. 豬尾骨汆水處理，去除雜質和血水，清洗乾淨，用廚房紙吸乾水分，備用。
2. 紅蘿蔔和粟米切成適當大小；紅棗切半、去核，備用（圖 a）。
3. 電飯煲加入豬尾骨、紅蘿蔔、粟米、蟲草花、杞子、紅棗和水，選擇「煲湯模式」，烹煮 2 小時（圖 b）。
4. 湯煮好後灑入鹽，再煲煮 10 分鐘，讓味道更融合即成。

料理貼士

煲肉湯前先汆水，湯水更清澈！

汆水可去除肉類表面的血水和雜質，能讓湯底更透亮、口感更純淨。只需將肉塊放入滾水灼燙 2-3 分鐘，盛起後用清水沖洗乾淨，即可放心煲燉。

輕鬆去油，讓湯水更清爽！

在煲煮過程中，肉類的油脂會慢慢釋放，形成一層浮油。如想湯喝起來更清爽順口，不妨試試使用煲湯專用的吸油紙。只需輕放湯面即可快速吸附油脂，減少油膩感，讓湯頭更清爽。

清潤木瓜雪耳雞腳湯

有次家裏放着一個還未熟透、很生的木瓜，不知道怎樣處理，即時想到拿來煲湯。畢竟木瓜不夠甜或熟度不理想，煲湯也是個不錯的選擇，總不能浪費吧？沒想到燉煮後，木瓜的天然清香悄然散發，讓湯頭更清潤爽口。

這道清潤木瓜雪耳雞腳湯，用電飯煲輕鬆燉煮，木瓜變得綿軟，雪耳滑嫩，雞腳的膠質讓湯頭濃郁順滑。煲出來的木瓜剛好軟糯口感，正是我愛的溫潤滋味。

a

| 材料 |

木瓜 1 個
雞腳 6 隻
豬尾骨 200 克
雪耳 15 克（乾品）
花生 50 克
水 2 公升
鹽適量

b

| 做法 |

1. 木瓜去皮、去籽，切成適當大小，備用（圖 a）。
2. 雞腳清洗乾淨，剪去指甲，備用。
3. 雪耳用水浸泡至軟，剪去硬蒂。
4. 豬尾骨和雞腳汆水處理，去除雜質和血水，盛起，沖洗乾淨，用廚房紙吸乾水分，備用。
5. 電飯煲加入木瓜、豬尾骨、雞腳、雪耳、花生和水，選擇「煲湯模式」，烹煮 2 小時（圖 b）。
6. 湯煮好後灑入鹽調味，煲煮 10 分鐘，讓味道更融合即成。

料理貼士

木瓜先加還是後加？差別竟然這麼大！

木瓜可以一次過加入或最後才加入，但口感有所不同啊！

木瓜和其他食材一起煲煮較長時間，湯頭更濃郁，但口感會變得較軟，略帶融化；而最後加入木瓜的話，可保留果肉輕脆感，湯頭較清甜。大家可依喜好選擇！

* **木瓜後加的做法：**在湯煮至最後階段（約跳掣前 30 分鐘），加入木瓜，蓋上鍋蓋繼續煮。待電飯煲自動跳掣後，灑入鹽調味，煲煮 10 分鐘，讓味道更融合。

香濃奶油蘑菇湯

這道奶油蘑菇湯的靈感來自罐頭湯，你沒聽錯！經典湯品總能讓人聯想到暖暖的住家味，但自己動手做，不僅少了添加物，還添加層次豐富的天然美味。

有別於餐廳常見的蘑菇湯，只用蘑菇作為湯料，我特別加入粟米、煙肉和洋葱，讓味道更濃郁惹味，每一口都是滿滿的食材精華。用電飯煲燉煮，簡單方便，在忙碌的日子裏也能輕鬆煮出香濃撫慰人心的湯！

| 材料 |

蘑菇 200 克
洋葱 1 個
粟米粒 40 克
煙肉 3 片
麵粉 25 克
牛油 10 克
牛奶 500 毫升
芝士 50 克

| 調味料 |

鹽適量
黑胡椒碎適量

a

b

c

d

| 做法 |

1. 蘑菇、洋葱和煙肉切成適當大小，備用（圖 a）。
2. 電飯煲選擇「煮飯模式」，加入牛油和煙肉煎至微微焦香，盛起備用。
3. 電飯煲內加入麵粉，與香煎煙肉的油拌炒成麵糊後（圖 b-c），倒入牛奶拌匀。
4. 加入蘑菇、洋葱、粟米粒、煙肉和芝士，攪拌均匀，選擇「快煮模式」，烹煮 30 分鐘（圖 d）。
5. 湯煮好後，灑入鹽和黑胡椒碎調味拌匀即成。

料理貼士

湯底要濃稠？麵粉來幫忙！

麵粉的作用是讓湯底更濃郁滑順！與牛油拌炒後形成麵糊，有助湯汁自然增稠，使口感細膩不稀薄，同時更好地融合牛奶和芝士，提升風味層次。

美食靈感

加點創意，煮出更多美味的奶油濃湯！

馬鈴薯讓湯更濃滑；南瓜增添天然甜味；海鮮提升鮮美；菠菜或西蘭花帶來清新層次。快來試試不同的食材搭配，煮出美味的奶油濃湯吧！

懶人快煮

濃湯、醬汁？一鍋搞定！

香濃奶油蘑菇湯的濃度可靈活調節，稍微稀一點時，是一碗暖心湯品，口感細膩滑順，每一口充滿蘑菇的鮮美和奶油的香濃，溫暖又滿足。

煮濃一點就成了濃郁醬汁，搭配飯或意粉都很好味，再配上芝士焗烘，瞬間變成芝士焗奶油蘑菇飯或意粉，香氣四溢，惹味十足。簡單燉煮，一鍋幾用，方便又滿足！

開胃羅宋湯

羅宋湯源自簡單的 ABC 蔬菜湯，但加入牛肉、番茄、紅蘿蔔、馬鈴薯、洋葱、娃娃菜等豐富食材後，湯底變得濃郁香醇，每一口都充滿暖意和滿足。

這道湯不僅飽腹又開胃，更是讓小朋友愛上蔬菜的好方法，讓他們在品嘗美味的同時，也輕鬆喝下滿滿的營養，一喝就喜歡。

| 材料 |

牛肋肉 150 克
番茄 1 個
紅蘿蔔 1 個
馬鈴薯 1 個
洋葱 1/2 個
娃娃菜 1 個
番茄醬 1 湯匙
水 1.5 公升

| 調味料 |

鹽適量
黑胡椒碎適量

a

b

c

| 做法 |

1. 番茄、紅蘿蔔、馬鈴薯和洋葱去皮，切成適當大小，備用。娃娃菜切件，備用。
2. 電飯煲選擇「煮飯模式」，加入少許油及洋葱炒至微微焦香，加入牛肋肉炒至表面轉色（圖 a）。
3. 放入番茄、紅蘿蔔、馬鈴薯和水，加入番茄醬，切換至「煲湯模式」，烹煮 30 分鐘，再加入娃娃菜，讓蔬菜軟化融入湯中（圖 b-c）。
4. 最後灑入鹽和黑胡椒碎，拌勻即成。

美食靈感

再提升羅宋湯的口感和風味！

除了基本食材外，加入以下食材更有不同的味道層次。

西芹和椰菜：讓羅宋湯的口感更富層次，並提升鮮甜風味。

煙肉：增添獨特燻香，使湯底更醇厚濃郁。

月桂葉和黑胡椒：進一步提升香氣，使整體風味更豐富。

趣聞小知識

A、B、C 是指甚麼？

羅宋湯被稱為 ABC 蔬菜湯，ABC 湯的名稱並非來自食材的英文縮寫，而是因為它富含維他命 A、B、C。通常使用番茄、紅蘿蔔、馬鈴薯搭配肉類烹煮，湯頭清甜開胃，營養豐富而廣受歡迎。

維他命 A→紅蘿蔔（胡蘿蔔素有助維持視力健康）。

維他命 B→馬鈴薯（富含維他命 B 群，提供能量，幫助代謝）。

維他命 C→番茄（維他命 C 有助提升免疫力，促進膠原蛋白生成）。

06
暖心糖水，為身體添暖意！

一鍵開煲，暖心甜湯隨時喝！
濃郁香甜的糖水，竟是用電飯煲烹調出來！

電飯煲煮糖水的原理，跟煲湯相似，都是透過慢燉和恆溫加熱，讓食材逐漸釋放風味，煮出濃郁的糖水。讓你在家能夠簡單輕鬆煮出暖胃暖心的飯後糖水，為一家人添上濃濃的暖意。

依食材特性，電飯煲煮糖水輕鬆做！

用電飯煲煮糖水，大致可以分成兩大類，而每種糖水的食材特性不同，煮法也有些小技巧，選擇合適的電飯煲模式，讓糖水煮得更美味！

快速煮類 ——
食材易熟，短時間煮出糖水味道

這類糖水的食材本身較容易煮透，例如木瓜、雪梨及芋頭等，短時間加熱能釋放甜味，毋須長時間燉煮。

選擇模式：「煲湯模式」能讓糖水快速熬煮，保留鮮甜口感。

燉煮類 ——
需要長時間慢燉，釋放食材風味

這類糖水通常需要讓食材慢慢燉煮至軟爛，時間較長，像紅豆需要煮至沙沙口感；紫米需要充足時間煮透。

選擇模式：「煲粥模式」能讓食材充分吸收水分，慢燉至濃郁風味。

椰汁芋頭紫米露

要說滋味又飽足的中式糖水，椰汁芋頭紫米露絕對是不少人的心頭好！香濃的椰汁，搭配綿密的芋頭，還有紫米的微微嚼感，每一口都是濃郁順滑的滋味。

這道糖水最吸引的是——熱食香甜濃郁，凍食清涼順口！

天氣冷的時候，來一碗熱騰騰的椰汁芋頭紫米露，瞬間暖笠笠；夏天放入雪櫃稍微冷藏，變成清爽的凍糖水，一樣好吃！

材料

紫米 150 克（乾品）

芋頭 250 克

冰糖 50 克

椰奶 60 毫升

水 1 公升

a

b

c

做法

1. 紫米清洗 2-3 次，以去除雜質；芋頭去皮、切粒，備用（圖 a-b）。
2. 電飯煲加入紫米、冰糖和水，選擇「煲粥模式」，烹煮 90 分鐘。
3. 糖水煮至最後階段（約跳掣前 30 分鐘），加入芋頭，蓋上鍋蓋繼續煮至芋頭熟透腍滑（圖 c）。
4. 最後加入椰奶，輕輕攪拌均勻，讓紫米露散發椰香味即成。

料理貼士

巧用椰奶的天然甜味！

椰奶本身帶有淡淡的甜味，在製作紫米露時，可適量減少冰糖的用量，讓甜度更清爽，口感更均衡。

紫米 VS 黑糯米：深色外表，卻大有不同！

紫米是非糯米類，煮熟後口感較鬆散，適合製作粥或糖水；黑糯米則屬糯米，煮熟後黏性高，適合用來製作甜品如糯米糍或糉子。

記得要選擇合適的米種，才能烹煮最理想的料理效果！

美食靈感

增添紫米露層次感小秘訣！

想讓紫米露吃得更豐富，可以加入水果（如芒果）、堅果（如腰果）、豆類（如紅豆），提升層次感。此外，加入椰果或西米，也能增添香甜氣味，讓紫米露充滿特色。

木瓜桃膠雪耳糖水

要數我最愛的中式糖水，木瓜雪耳糖水絕對榜上有名！綿滑的雪耳，配上香甜的木瓜，入口清潤，每一口都是甜美和養生的結合。

坊間的糖水店通常只售賣最基本的木瓜雪耳糖水，但有時糖水比木瓜和雪耳多，喝起來總覺得欠了些材料，心裏忍不住想：「自己煲好了！」自己下廚就是最大的優勢——材料充足！這道食譜不僅有木瓜和雪耳，更加入桃膠，讓糖水的口感更滑溜、更有層次，額外提升了滋潤效果。

材料

木瓜 1 個
桃膠 25 克（乾品）
雪耳 10 克（乾品）
冰糖 30 克（可依個人口味調整）
水 1 公升

a

做法

1. 桃膠和雪耳預早浸泡一晚。
2. 桃膠浸泡後，去除黑色雜質，清洗乾淨。
3. 雪耳去掉硬蒂，撕成小塊，清洗備用。
4. 木瓜去皮、去核，切成小塊，備用。
5. 電飯煲加入木瓜、桃膠、雪耳、冰糖和水，選擇「煮飯模式」，烹煮 50 分鐘即成（圖 a）。

輕鬆觀看教學影片

料理貼士

桃膠是「價廉物美的養顏聖品」？

桃膠是從桃樹皮中分泌出來的天然植物樹脂，含有豐富的膠原蛋白、氨基酸和多種微量元素，可以滋潤肌膚、抗氧化、促進新陳代謝，有美容養顏的效果。

美食靈感

糖水變身術：食材小改變，風味大升級！

嘗試加入紅棗和杞子，提升甜美口感；也能混合牛奶或椰奶，讓口感更香濃順滑，營養更豐富。變化不同食材的組合，每次能品嘗不同的風味！

陳皮蓮子紅豆沙

紅豆沙是中式糖水的經典代表，綿密的口感讓人一吃愛上。然而，傳統做法需要預早浸泡紅豆過夜，使紅豆充分吸收水分，煮出的紅豆沙才更細滑。這個過程實在太耗時，往往讓人打消臨時想煮糖水的念頭。

某天突然想吃紅豆沙，突發奇想嘗試一個方法——即時用熱水浸泡紅豆，結果意外發現，竟然能煮出近似紅豆沙沙的口感！這可算是個懶人小技巧，簡單又方便，讓人隨時都能輕鬆享受這碗香甜暖心的糖水。

| 材料 |

紅豆 100 克（乾品）

去芯蓮子 20 克（乾品）

陳皮 5 克

片糖 150 克

水 700 毫升

| 做法 |

1. 紅豆用熱水浸泡，沖洗乾淨。
2. 陳皮泡軟，刮去白色內瓤，洗淨備用。
3. 蓮子浸泡 30 分鐘，沖洗乾淨，再用沸水灼 2 分鐘，盛起備用。
4. 電飯煲加入紅豆、陳皮和水，選擇「煲粥模式」，烹煮 90 分鐘。
5. 糖水煮至最後階段（約跳掣前 20 分鐘），加入蓮子和片糖，攪拌均勻後，蓋上鍋蓋，繼續煮至片糖完全溶化即成。

料理貼士

冰糖 VS 片糖：決定糖水的風味！

冰糖清甜柔和，使糖水顯得色澤透亮；片糖甜度濃郁，帶有焦香，更適合濃稠或色澤較深的糖水。這次煮紅豆沙，選用片糖更好地突顯紅豆的濃厚香氣，提升整體風味。

芋圓椰汁西米露

記得有次分享自家製芋圓的視頻食譜，結果一做就做了一大袋，從那天開始，我每天都在想：「芋圓搭配甚麼糖水？」芋圓的QQ口感本來就很百搭，如要選一款最合適的糖水，我推薦椰汁西米露！

濃香的椰汁，搭配晶瑩剔透的西米，再加上嚼勁十足的芋圓，每一口都是綿密和彈牙的口感。現在一想到，又想吃了！

| 煮西米露材料 |

芋頭 200-250 克

西米 50 克

椰汁 300 毫升

熱水 800 毫升

a

| 煮芋圓材料 |

三色手工芋圓 150 克

水 800 毫升

b

| 做法 |

1. 電飯煲放入三色手工芋圓，加入 800 毫升水，選擇「煮飯模式」，烹煮約 8-10 分鐘，至芋圓浮起後盛起，放入冰水浸泡，備用。
2. 西米清洗 2-3 次去除雜質；芋頭去皮、切粒，備用。
3. 電飯煲加入芋頭、西米和熱水，選擇「煲粥模式」，烹煮 90 分鐘，直至糖水質地濃稠（圖 a）。
4. 煮好後，倒入椰汁輕拌，使糖水更滑順，最後加入三色手工芋圓即成（圖 b）。

料理貼士

用熱水煮西米！

用熱水煮西米能有效提升烹煮速度，使西米更快變得透明，減少烹調時間，也避免硬芯問題。另外，熱水能讓西米均勻受熱，減少黏底或結塊的情況，讓口感更順滑。

讓芋圓更 Q 彈的小秘訣！

煮熟的芋圓需要放入冰水浸泡，讓芋圓口感更 Q 彈爽滑，避免過度軟爛。

讀者作品分享

我定期收到讀者在觀看食譜影片後，分享的食譜作品照及留言，內容非常正面，對我充滿支持及鼓舞。你們的鼓勵，是給予我無限的動力，希望大家在烹調路上繼續努力。

Pamela - 番茄燉牛肋肉

早排買定包牛肋肉看門口，咁啱雪櫃有 4 個番茄，就決定今晚試吓整你教嘅番茄燉牛肋肉🍅😄！第一次整就成功咗喇！我用左 2 個番茄攪成番茄蓉，煮嘅時候唔駛落咁多水，味道真係會濃啲 & 好味啲！一次煮一大煲，夠食好幾餐👍，我仲特意煮咗意粉搭配，真係好好味😍😍！

Winnie - 電飯煲泡菜雞肉飯

好鍾意你嘅電飯煲系列！😘
買咗一大盒泡菜要用晒佢😂，於是跟住你整電飯煲泡菜飯，今次試加雞肉，泡菜同雞肉好夾呀！
老公平時好少讚，佢今次話好好味，佢讚我，我又讚一讚你！ Support You❤❤❤！

Chloe - 香葱三文魚炊飯（電飯煲版）

Congratulations 🎉
聽到你會出食譜書真係好開心！
仲要係專講電飯煲料理更開心🙌
因為啱啱開始學煮，就係跟你整電飯煲炊飯🍚，次次煮都成功又好味😍！
結婚前我淨係識煮公仔麵，之後睇住你 channel 慢慢學，愈煮愈有信心，仲好享受，依加簡直變咗屋企嘅小廚娘喇（最開心係老公都讚我煮得好食💕）！
期待你繼續將電飯煲料理發揚光大😄！一定支持你！

Kathy 加菲 - 電飯煲茶葉蛋

一直都有追開 MEALPREPERA Michelle 的烹飪頻道，有次見到 Michelle 教整電飯煲茶葉蛋，真係超開心！因為我先生同仔仔都好鍾意食茶葉蛋😍
跟住 Michelle 嘅片一步步做，原來真係好簡單又方便，完全冇想像中咁難！屋企人食到好滿足，仲成日問我幾時再整～
多謝 Michelle 分享咁實用嘅食譜，可以輕鬆煮到美味嘅茶葉蛋！亦好榮幸我嘅作品可以刊登係我喜歡的烹飪達人食譜書上，真係好開心！

Wincy - 電飯煲蓮子紅豆沙

Hello Michelle 我鍾意你嘅「電飯煲蓮子紅豆沙」食譜！超級方便同埋易整
無諗過用電飯煲都可以整到咁好味嘅糖水！屋企人試左都話同出面嘅中式糖水店有得 fight
多謝你成日分享好多食譜俾靈感我 期待你更多分享 ！

Theresa - 香濃粟米豆腐蝦拌飯

今晚整你嘅粟米汁豆腐蝦蝦碟頭飯 好好食呀 又清盤！超易整真係零失敗！
你啲食譜幫左我好多呀，見到你個 channel 越來越多人睇，啲片都剪得越來越靚呀，繼續加油呀 ！

Yuen - 電飯煲泡菜三文魚飯

今晚煮咗你嘅電飯煲泡菜三文魚飯，真係超方便又好味！燉飯加泡菜基本上唔使再加調味，已經好夠味！
電飯煲做法啱晒忙碌日子，慳時間慳功夫，極速可以開飯 ！多謝分享～

Vivian - 電飯煲吞拿魚雞胸螺絲粉

今次整嘅電飯煲螺絲粉除咗加咗吞拿魚，仲有雞胸肉＆香草 ，材料好豐富 ！
多謝你嘅分享，真係幾好味，帶飯一流！

Sugar - 香濃紅酒燉牛肉

Hihi 跟你個食譜煮紅酒燉牛肉！好好味 ！牛肉湯汁好正，呢餐我仲焓咗西蘭花，點個汁食 ！
感謝你個簡易版教學 ，啱晒新手！

Bobo - 電飯煲咖喱雞飯

Hello ～又係我交作品照喇！今次試咗直接加咖喱磚落去，啲飯完全吸收晒咖喱香味，爆好食！真係要推介俾大家試吓 ！

Pony - 醬燒柚子蜜牛仔骨

Hello Michelle，今日又整咗醬燒柚子蜜牛仔骨！ 平時睇你 channel 學識整好多簡單又好食嘅餸菜，多謝你呀 ！ 好叻女呀，出食譜書，我會買番本支持你 ！

一鍵開煮
電飯煲懶人料理

著者
Michelle@MEALPREPERA

責任編輯
簡詠怡

裝幀設計
羅美齡

排版
楊詠雯

攝影
Michelle & LHK

出版者
萬里機構出版有限公司
香港北角英皇道 499 號北角工業大廈 20 樓
電話：2564 7511　　傳真：2565 5539
電郵：info@wanlibk.com
網址：http://www.wanlibk.com
http://www.facebook.com/wanlibk

發行者
香港聯合書刊物流有限公司
香港荃灣德士古道 220-248 號荃灣工業中心 16 樓
電話：2150 2100　　傳真：2407 3062
電郵：info@suplogistics.com.hk
網址：http://www.suplogistics.com.hk

承印者
美雅印刷製本有限公司
香港九龍觀塘榮業街 6 號海濱工業大廈 4 樓 A 室

出版日期
二〇二五年七月第一次印刷
二〇二五年十一月第二次印刷

規格
特 16 開（240 mm × 170 mm）

ISBN 978-962-14-7611-1